수학을
읽어드립니다

수학과 코딩을 가르치는 별난 영문과 교수의
특별하고 재미있는 수학이야기

수학을
읽어드립니다

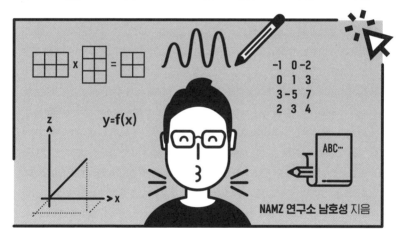

NAMZ 연구소 남호성 지음

한국경제신문

이 책은 단순히 호기심 충만한 영문과 교수의 수학 강의가 아니다. 4차 산업혁명 시대의 치열한 생존 경쟁에서 수학의 재발견으로 인생 반전에 성공한 감동적인 휴먼 스토리다. 인문학도에겐 수학·코딩과의 동행이, 공학도에겐 인문학·융합적 사고와의 동행이 이 시대 최고의 성공 열쇠임을 설파한다. 이 책이 수많은 젊은이들을 위한 냉철한 지혜서이자 따뜻한 길잡이가 될 것을 믿어 의심치 않는다.

시공테크·아이스크림미디어 회장 박기석

학교에서 배우는 수학이 도대체 무슨 소용일까 싶을 때, 산업 현장에서 수학을 붙들고 살아가는 사람들이 가장 절절하게 공통적으로 느낄 만한 대답을 해주는 책이다. 특히 수학을 싫어하고 수학을 멀리하는 사람의 입장에 서서 수학 이야기를 해주는 방식을 취하고 있기에 와 닿는 내용도 많고, 독특하고 강렬한 설명을 해주는 대목도 눈에 띈다. 저자 자신이 수학에 대해서 멀어졌다 가까워지며 느끼고 생각한 이야기에서부터, 고등학교 수학 과목에 대한 고민을 거쳐, 컴퓨터 프로그래밍 이야기로 수학을 연결해 나가다가 최대한 알기 쉽게 인공지능의 인공신경망 기술을 설명하는 것까지 이어지는 쾌활한 구성도 재미를 더한다. 요즘 같은 시대에 수학과 너무 담 쌓고 살았다면, 이 책이 그 담을 허물 수 있는 손에 잘 잡히는 날렵한 망치가 되어줄 것이다.

공학박사, 《곽재식의 미래를 파는 상점》 작가 곽재식

표준정규분포에 따르면, 대부분의 사람들이 수학을 소위 '못'하는 이유는 수학적으로 너무나 자명하지만, 못 한다는 것이 싫은 감정으로 반드시 이어지진 않는다. 그러나 많은 사람들이 수학을 싫어하는 이유를, '너무 어려워서'와 같은 맥락으로 이야기하는 것을 쉽게 접할 수 있다. 저자는 이공계와는 전혀 연이 없을 것 같은 '영문과' 교수로서, 전공의 결이 다름에도 불구하고 '수학'을 테마로 한 매우 '인문학'적인 책을 선보였다. 그리고 이 책을 통해, 앞서 이야기한 문제점에 대한 해결책을 적나라하게 드러냈다. 누구든 이 책을 통해, 우리가 대체 왜 수학이 싫어지게 되었는지, 주변에서 소위 뜬소리처럼 존재하는, "미분, 적분? 그거 학생 때만 필요한 지식이야"라는 소리가 얼마나 말도 안 되는 소리인지를 아주 매력적인 방법으로 열람해볼 수 있다. 수학의 대중화를 위한 지침서가 될 만한 매력적인 책, 조금이라도 수학에 관심이 있다면 구매를 망설일 이유가 없다.

과학 유튜브 〈과학쿠키〉 크리에이터 이효종

몇 해 전, 남호성 교수님을 뵙고 묘한 동질감을 느꼈다. 문과 출신, 언어학 전공, 인공지능 연구로 이어지는 삶의 궤적이 나와 매우 비슷했기 때문이다. 거기에 더해 교수님의 소탈하고 겸손한 성품 덕에 금방 친분을 쌓을 수 있었다. 맨 처음 인공지능에 관심을 가지게 된 계기, 귀국 후 학생들을 한 명, 한 명을 개인지도하며 지금에 이르게 된 과정, 다사다난했던 연구실의 놀라운 발전 스토리 등 상아탑 속에 갇히지 않은 교수님의 이야기는 참 흥미로웠다. 이제 그런 생생한 교수님의 말씀을 이렇게 많은 분들과 같이 접할 수 있게 되어 너무나 기쁘게 생각한다.

인공지능 스타트업 (주)튜닙 대표 박규병

"수학을 왜 배우는지 모르겠다", "수학은 사칙연산 외에는 필요가 없다"라고 말하는 사람들이 있다. 그런데 실제 생활에서는 수학을 알게 되면 남들보다 할 수 있는 것이 많고, 더 잘 할 수 있는 것도 늘어난다. 이 책의 저자인 남호성 교수님은 예전엔 비록 수포자였다고 하지만 실제 생활에서 수학의 쓸모와 재미를 제대로 느끼신 것 같다. 그렇게 해서 배우고 익힌 수학. 지금은 수학 전공자들도 어렵다고 하는 인공지능 수학도 자유자재로 사용하신다. 여기에 그치는 것이 아니라 이 수학을 보이는 수학, 말하는 수학, 쓸모 있는 수학이라 하고, 이타적 이기심으로 많은 이들에게 알리고 싶어하신다. 이 책을 읽으면서 어려워 보이는 인공지능 수학을 쉽게 이해할 수 있었고, 특히 중간중간 '아, 수학이 이렇게 쓰이는구나'를 느끼는 순간이 많았다. 또한 수학을 잘할 수 있는 방법들도 많이 찾을 수 있었다. 나와 같이 이를 느끼길 원하는 모든 이에게 이 책을 강력히 추천한다.

경희여자고등학교 수학 교사, 수학 교육 소프트웨어 기획자 홍창섭

수학을
읽어드립니다

차례

PART 1   하마터면 수학을 포기할 뻔했다

PART 2   수학 포기자에서 수학 예찬자가 되다

PART 5 　　　　　　　　　　　　　　**미래에 꼭 필요한 수학**

프롤로그

인공지능을 만드는
영문과 교수의 수학이야기

'인공지능(AI)을 만드는 영문과 교수?' 뭐지? 보통 인공지능을 연구하는 사람이라면 무슨 무슨 공학이란 말이 들어가야 하는데 그런 건 보이지도 않고 영문과란다. 거기에다 수학에 대해 한 말씀 하신단다. 어그로인가?

하지만 모두 사실이다. 지금 나는 고려대학교 영어영문학과 교수이고, 문과 학생들과 함께 누구보다도 잘 인공지능을 만들고 있다. 그리고 중·고등학생들처럼 매일 수학을 붙들고 씨름한다. 다만 그들과 다른 점이 있다면, 수학을 공부하는 목적이 다르다. 공부와 성적, 나아가 대학에 가기 위해 수학을 공부하는 것이 아닌 쓸모와 재미를 위한 수학을 한다. 수학 때문에 고생했던, 그리고 현재 고생하고 있는 사람들이 볼 때는 누구 약 올리나 싶겠지만, 한때 그들과 같은 고민을 해봤던 사람으로서 내 이야기가 어쩌면 공감과 용기를 줄 수도 있겠다는 생각이 든다.

지금 생각해보면 고등학교 들어갈 때까지만 해도 수학을 좋아했던 기억이 있다. 그러다가 어느 순간 '너무나도' 잘하는 아이들과 비교가 되면서 주눅이 들기 시작했다. 나 스스로 수학의 꼬리를 내렸고, 비겁하지만 수학에 적성이 없는 사람으로 행복하게 살기로 작정했다. 슬그머니 문과로 건너와 취업이 잘된다는 영문학도가 되었다. 인문계 대학에 오니 지긋지긋한 수학을 안 해도 된다는 사실에 마음이 편했다. 더 이상 내 생에 수학이란 단어가 비집고 들어올 틈이 없다고 안도했고, 그렇게 수학과는 영영 멀어지는 듯했다.

　학부 때 영문과 과목 중에서 음성학에 흥미를 느껴 대학원까지 갔다. 그 이후 우여곡절 끝에 컴퓨터 코딩 세계로 들어가게 되었고, 결국 그걸 바탕으로 삼성 SDS에 프로그래머로 입사했다. 인문계 출신으로 프로그래머가 된 것이다. 그때부터 슬슬 수학이 조금씩 나의 삶으로 비집고 들어오기 시작했다. 코딩을 통해 다양한 데이터와 입출력의 함수를 다루며 나도 모르게 수학과 대화를 하고 있었던 셈이다.

그러다가 잘나가던 대기업을 과감히 그만두고 유학을 선택했다. 예일대학교 언어학과 박사과정에 합격한 것도 큰 행운이었지만, 무엇보다도 세계 최고의 언어 연구소인 해스킨스 연구소에서 일할 수 있었던 것이 내 인생 최고의 행운이었다고 생각한다. 음성학이라는 학문이 태동한 연구소, 그곳에서 음성학의 끝을 보았다. 그리고 그곳에 맞닿아 있는 여러 연구 분야를 접하면서 내 연구 영역을 언어과학과 언어공학으로 확장해나갔다. 그때부터 수학은 내게 필수가 되었다. 언어, 특히 음성을 과학적으로 이해하고 공학적으로 응용하는 데 있어 수학 없이는 아무것도 할 수 없었다. 이렇게 배우는 수학은 필요에 따른 수학이었고, 나부터 쉬워야 하는 수학이었다.

그리고 14년 만에 모교 교수로 돌아왔을 때 나는 또 한 번 선택을 해야 했다. 교육자로서 꿈을 펼쳐보려던 마음과는 달리 너무나도 바뀌어버린 교육 풍토와 인문계의 처참한 취업률, 대학원으로의 낮은 진학률에 패닉이 왔다. '이대로 가다간 다 망한다. 나부터 변하자.' 그래서 시작한 것이 남즈 (NAMZ)다. 이론으로서의 음성학을 넘어 실용의 언어공학을 하는 연구소, 세상이 필요한 걸 만들어내는 연구소를 이뤄보자면서 시작했다. 나랑 너무도 닮았던 제자 한 명과 이 시작을 함께했다. 수년째 수학을 손 놓고 있던 그에게 나는 수학과 코딩을 가르쳤다. 누구 한 사람 관심도 없었다. 뭔가 되리라는 기대도 없었다. 우리 자신조차도 어떤 일들이 벌어질지 모른 채 그저 무모한 도전을 시작했다. 그리고 8년이 흐른 지금, 남즈는 언어 관련 인공지능의 기술 연구소로 우뚝 섰다. 기술, 데이터, 제품 성능 모두 국내 최고 수준이다. 많은 문과생의 꿈이 되었고 희망이 되었다.

남즈 연구소 전원은 공대생이 아닌 문과 출신이다. 모두가 '수포자'였다. 수학과 코딩에 대한 기본적인 이해조차 없던 이들이 인공지능 시스템을 만들어가고 있는데, 그 놀라운 성과의 중심에 수학이 있다. 신기하지 않은가? 그렇다고 밑도 끝도 없는 문제 풀이에 좌절하고 복잡한 수식에 분노하는 수학으로 돌아가자는 소리를 하려는 것이 아니다. 우리가 배우고 익힌 수학은 모두가 아는 그 수학이 아니기 때문이다. 내가 새롭게 알게 된 수학은 수식으로 가득 차 있거나, 무조건 풀어야 하거나, 어디에 쓰이는지도 모르는 그런 수학이 아니다. 이 수학은 유도를 하고 증명을 해야 하는 그런 수학도 아니다. 이 수학은 보이는 수학, 말하는 수학, 쓸모 있는 수학이다. 수포자였던 우리가 하루가 다르게 변하는 4차 산업혁명 시대에 마음껏 펼쳐 보이며 쓰고 있는 수학이 그렇단 말이다.

"누군가에게 쉽게 가르칠 수 있을 때 나의 지식의 수준은 극에 달한다"는 리처드 파인만(Richard Feynman)의 말이 있다. 남을 이롭게 하는 행위가 결국은 나를 이롭게 한다는 이타적 이기심이 바로 그것이다. 우리는 이 이타적 이기심으로 그 어렵다는 수학을 즐길 수 있는 교육 생태계를 만들었다. 나는 이 수학을 더 많은 이들에게 알리고 싶다.

사실 서점을 가보면 수학책이 많이 나와 있다. 수학에 대해 한 소리들 하고 싶은 사람이 많은가 보다. 그만큼 수학이 중요하고 수학을 걱정하는 사람이 많아서인가 보다. 하지만 이런 책들에서 받은 느낌은 세 가지 부류로 요약된다.

한 부류는 수능 수학을 어떻게 하면 잘 볼 수 있을까를 다루는 것이다. 초·중·고등학교 때부터 어떤 식으로 수학 공부에 임해야 수능을 잘 볼 수 있을지에 초점이 맞춰져 있다. "원리와 개념, 정의가 중요하다", "끝까지 포기하지 마라", "암기보다 이해가 중요하다", "직접 많은 문제를 풀어보아라" 이런 말들이 빠지지 않고 나온다. 큰 비법이나 되는 듯 말이다. 물론 좋은 대학에 가기 위해서는 수능 수학을 잘 봐야 한다. 하지만 수능 수학이 '수학'의 전부인 양 말하지 말았으면 좋겠다. 철학관 하는 사람이 철학을 이야기 안 하듯이, 붕어빵 만드는 사람이 어부가 아니듯이.

또 다른 부류는 수학의 교양적인 면을 집중적으로 다루어서 편하게 읽게 하는 것이다. 그렇게 하면 수학적 사고를 하는 수학 머리를 만들 수 있다고 하면서 말이다. 이런 책들에는 주로 기하와 도형 이야기가 많이 나온다. "~하면 어떻게 될까?", "~는 몇 개일까?", "어떻게 하면 ~을 할 수 있을까?" 이런 식의 질문을 던짐으로써 한 꼭지씩 전개해 나간다. 재미있다. 누구나 수식 없이 퀴즈 풀듯이 할 수 있으니 말이다. 읽다 보면 마치 수학적 세포가 재생되는 듯하다. 수학자들의 재미있는 일화, 흥미로운 역사 이야기, 지금껏 신기하게 여겼던 수학 상식들도 빠지지 않고 등장한다. 어디 가서 수학 좀 하는 사람처럼 잘난 체할 수 있는 것만 같다. 하지만 다분히 흥미 위주이고 단편적이어서 이러한 수학이 왜, 어디에 필요한지 근본적인 질문에는 명쾌한 답이 없다. 돈벌이와 그다지 관련 없는 교양을 쌓는 느낌이다 보니, 수학 없이도 여전히 잘 살 것 같은 생각이 든다.

마지막 세 번째 부류는 전형적인 기술서, 전공서로서의 수학책이다. 이러한 책은 당연히 그 유용함과 필요성에 대해서는 의심할 여지가 없다. 인공지능에 필요한 수학, 데이터과학에 필요한 수학이라고 하면서 점점 더 많은 책들이 쏟아져 나오는 것도 사실이다. 하지만 대부분의 경우 수식들이 주는 심리적 부담이 하늘을 찌른다. 또한 불필요한 증명, 유도는 쓸데없이 많은 반면, 그것들이 어디에 활용되는지에 대한 이야기는 부족하다.

그래서 이 책을 쓰고자 했다. 이 책을 읽었으면 하는 사람들은 다양하다. 하지만 각각의 독자에 대한 기대는 조금씩 다르다.

먼저 대학을 준비하고 있는 초·중·고등학교 학생들과 그 부모님들이다. 이 중에는 수포자들도 있을 것이고 그렇지 않은 학생도 있을 것이다. 수포자든 아니든 현재 학교에서 배우는 것이 수학이라는 착각에서 벗어났으면 좋겠다. 그건 수학이 아니라 '수능 수학'이다. 수능 수학은 쓸모 있는 수학을 쉽게 잘 가르쳐주는 수학이 아니다. 또 성적이 좋은 사람은 수학을 잘한다는, 성적이 나쁜 사람은 수학을 못한다는 편견에서도 꼭 벗어났으면 한다. 일단 수능이라는 괴물 앞에서는 어쩔 수 없겠지만, 이 책을 통해 수학을 대하는 생각과 태도가 조금이라도 바뀌었으면 한다.

다음은 대학생들이다. 특히 인문계 학생들은 취업에 대한 걱정으로 로스쿨, 고시 공부와 같은 도박성 진로 준비에 몰두한다. 몇 급에 도전하든 공무원 시험의 경쟁률은 40 대 1이 넘는다. 이런 시험에 수년의 소중한 인생을 건다. 준비하는 시험 과목은 3년을 공부하든 4년을 공부하든 목표를 이루지 못했을 때 누구도 알아주지 않는, 어디에도 쓸모없는 공부가 되기 쉽다. 안타까운 현실이지만 세상이 이렇게밖에 할수 없게 변해버렸다. 이 책이 지금까지 굳게 닫혔던 수학의 창을 통해 조금의 희망이라도 바라볼 수 있는 계기가 되면 좋겠다.

이 책은 직장인에게도 메시지를 던진다. 지금은 4차 산업혁명, 데이터 시대다. 현재 직장인들은 대부분 3차 산업혁명에 맞춰진 사람이다. 아래에서는 4차 산업혁명에 맞춰진 신입 사원들이 치고 올라오고, 위에서는 디지털 시대에 맞게 스스로 재교육을 받으라는 압박에 하루하루가 괴로울 수 있다. 하지만 벌써 도태되기엔 아직 젊다. 이 책을 통해 오래전에 사라졌다고 생각하는 수학의 세포를 깨워보기를 당부한다.

마지막으로 가르치는 사람이다. 대학교수도, 일선 학교의 수학 선생님도 그 대상이 될 것이다. 특히 인공지능 시대에 앞으로 수학 교육과정을 어떻게 만들어야 하는지 고민하는 사람들에게 나의 작지만 절실한 고민을 공유하고자 한다.

PART 1

하마터면 수학을
포기할 뻔했다

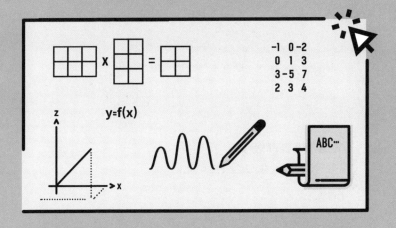

자연을 깊이 연구하는 것이
수학 발전의 가장 풍요로운 원천이다.

푸리에

◦ 1 ◦
문과생이 수학과 코딩의
귀재가 된 이유

 2019년 12월 나는 한 강단에 섰다. 〈세상을 바꾸는 시간, 15분〉. 일명 '세바시'의 연사로 초청되어 15분간 짧고 굵게 '문과생이 수학과 코딩의 귀재가 된 이유'를 이야기했다. 강단에 서는 일은 늘 떨리고 설렌다. 게다가 세바시의 인기가 워낙 높으니 그에 따른 부담감도 있었지만 그 부담마저 감사히 여겼다.

"문과 출신의 수포자였던 저는 지금 대학에서 수학과 코딩
그리고 인공지능을 가르치고 있습니다. 제가 가르치는 학생

들도 모두 문과생입니다. 수포자였던 저와 제 학생들이 국내 최고의 수학과 코딩, 인공지능의 인재가 된 비결을 여러분에게 공개합니다."

15분간 이어진 강의를 통해 문과 출신의 수포자였던 내가 어떻게 수학과 코딩을 하게 되었는지, 이를 통해 제자들과 어떻게 인공지능 기술을 개발하게 되었는지, 앞으로의 시대에 왜 융합적 인재가 필요하고 그 속에 왜 반드시 수학이 있어야 하는지에 대해 열변을 토해냈다. 반응은 예상보다 뜨거웠다. 아니, 기대 이상이었다. 물론 인공지능을 연구하는 영문과 교수로 여기저기 이름을 알리다 보니 나라는 사람의 커리어에 관심이 있는 이들이 왔겠지만, 그러한 전제 조건을 넘어선 뜨거운 반응이었다. 거의 한 달 넘게 강의 자료를 준비하며 어떻게 하면 의도한 바를 쉽게 전달할 수 있을까, 어떻게 하면 이해하기 쉬운 언어로 전달할 수 있을까 고민하던 시간이 충분히 보상을 받은 듯한 순간이었다.

그 뒤 이어진 댓글도 호평 일색이었다.

"4차 산업혁명 시대에 우리 아이의 교육을 어떻게 해야 할까 고민이 많은 학부모입니다. 융합을 중요시하는 시대에 한 우물이 아닌 여러 우물을 파고, 그중 수학은 반드시 포함하라는 교수님 말씀에 공감합니다."

"영문과생으로서 수학을 모르는 상태에서 코딩을 배우고 있는데 어려운 건 사실입니다. 그러나 컴퓨터 프로그래밍에 관련된 수학은 학창 시절에 배웠던 수학과는 많이 다름을 느꼈고, 필요에 따라 공부하는 수학은 배우는 데 시간이 많이 필요하지는 않더군요. 수많은 개발자의 유튜브 영상을 보긴 했지만 절박함 속에서 성장하는 모습을 가장 잘 표현해주신 분이라고 생각합니다."

"마흔 넘어서 제2의 인생으로 데이터와 AI를 공부하는 사람입니다. 강사님 말씀 중에 앞으로 4차 산업에서 같이 가려면 여러 우물을 파라는 말씀이 와닿네요."

"문과생으로 머신 러닝 데이터 분석을 배우고 있는 이 시점에 정말 큰 용기 얻고 갑니다. 저 역시 교수님이 말씀하신 대로 수학을 좋아하는지 모르고 살다가 28세에 회사원이 되어서야 깨달았습니다. 앞으로 10년간 수학과 관련된 공부를 하고 싶어집니다."

악플까지는 아니지만 호의적이지 않거나 이견을 제시한 글들도 있었다. 그 의견들도 겸허히 받아들인다. 중요한 것은 문과 출신의 교수가 수학의 중요성을 강조하고 함께 수학의 세계를 탐험해보자는 의견에 공감했다는 사실 아닌가. 이러한 공감을 얻게 된 데에는 나의 과거 이력도 한몫했으리라 본다. 수학을 좋아하지 않았던 과거력을 지닌 사람이 수학을 좋아하는 사람을 넘어 수학으로 먹고사는 사람이 되었다는 반전 스토리가 많은 분들에게 위로와 용기가 되었을 수도 있다. 그랬다면 성공이다.

◦ 2 ◦

고백하건대, 나는 사실 수포자였다

생각해보면 나는 중학교 시절까지만 해도 그래도 수학을 꽤 했던 학생이었다. 공부 머리가 있었는지 상위권에 머물며 공부를 잘하는 축에 끼었는데, 그중에서도 공부를 잘하는 척도는 수학이었다. 지금도 그렇지만 그땐 더했다. 얼마나 잘 푸느냐, 얼마나 빨리 푸느냐, 얼마나 잘 빨리 많이 푸느냐가 관건이었던 기준에 맞추려고 기를 써야 했다. 학교 대표로 경시대회에 나갈 정도는 되었기에, 기대에 부응하기 위해 그야말로 많은 양의 문제들을 닥치는 대로 미친 듯이 풀었던 때도 있었다.

그러다가 고등학교에 진학하면서 생각이 달라졌다. 문과와 이과를 나누는 시점에서 나름 정신을 차리면서 이해득실을 따지게 된 것이다. 수학을 '빡세게' 공부해야 하는 이과와 상대적으로 그렇지 않은 문과. 같은 시간을 투자해 공부하는데 어떤 과목은 입에서 단내가 나도록 풀어야 점수를 받는데, 어떤 과목은 그 정도는 아니어도 점수를 받는다면 굳이 이과를 선택하지 않는 게 이익이지 않을까 생각했던 것이다. 그 시기에 학교마다 포진해 있는 이른바 수학 문제 풀이왕들 때문에 점수에 대한 스트레스를 많이 받았던 것도 이런 생각을 하게 만든 주요한 원인이었다.

'그래, 수학 포기다. 오늘부터 난 문과 적성이다. 이왕이면 문과에 가서 점수나 잘 받자.'

지금까지 수학 때문에 노력한 것처럼 문과에 가서 공부하면 뭐가 되든 되겠다 싶어 미련 없이 문과를 택했다. 물론 문과에 간다고 수학 공부를 안 하는 건 아니었지만 문과와 이과에서 다루는 수학의 수준은 완전 달랐다. 그리고 가장 중요한 건 대학만 들어가면 이 지긋지긋한 수학을 안 해도 되니 현명하기 그지없는 결정이라 여겼다. 그렇게 문과를 선택하면서 사실상 수학을 포기한 거나 다름없었다. 공식적으로는 금지되었지만 살짝살짝 과외 학원을 다니며 미적분의 비법처럼 배우던 로피탈의 정리(L'Hopital's theorem)를 써먹으면서 말랑말랑한 문과 과목을 공부하다 보니 상대적으로 점수도 올랐다. 기하, 벡터와 난해한 미분 문제를 머리 싸매고 밤새 고민하며 풀 일이 사라지니 세상이 편해졌다. 좀 과장하자면 웃으며 공부하는 시간이 많아졌다고 볼 수 있었다. 수학을 포기하니 삶의 질이 달라진 것이다.

그렇게 나는 수학을 포기했다. 아니, 수학을 면제받았다. 기왕이면 같은 시간을 들여 고효율을 낼 수 있는 과목에 집중하기로 암묵적으로 합의한 것이다. 지금도 인공지능과 수학에 대한 강의를 할 때마다 나는 내가 자발적 수포자가 되었다는 이야기를 언급한다. 그때 만약 수포자가 안 됐더라면 지금쯤 나는 저명한 수학자가 되었을까? 아닐 것이다. 고교 시절 내내 문제와 씨름하다가 장렬하게 전사했을지도 모를 일이다. 본래 진이 빠지도록 문제를 풀다 보면 쳐다보기도 힘들 수 있을 테니 말이다. 그러고 보면 어쩌면 그때 일찌감치 수학을 멀리하고 수학과 적당한 거리를 두었던 게 묘수였는지도 모르겠다.

인공지능인 줄도 모르고 매료된 음성학

고려대학교 영문과로 진학한 건 순전히 높은 취업률 때문이었다. 고교 시절 수학을 포기하니 성적이 더 좋아졌고 고려대학교에 입학할 수 있게 되었는데, 전공을 선택하는 게 문제였다. 무슨 과를 가야 하나 고민이 시작되었다. 그 당시엔 지금처럼 인터넷이 발달하지도 않았고 진로 교육 같은 건 아예 존재하지 않았기에, 그저 많이 익숙한 과를 선택하는 게 최선이었다. 영문과는 그렇게 선택한 전공이다. 그때만 해도 영문과는 누구나 알아주고, 졸업만 하면 취업이 보장되던 시기였다. 참고로 당시 고대 영문과의 취업률은 하늘을 찔렀다.

이런 얄팍한 생각에 고대 영문과 학생이 된 나는 대학 수업을 들으며 또 한 번 실망감에 휩싸였다. 책으로만 배운 영어, 문법만 달달 외워서 점수만 받던 영어를 대학에 와서 배우니 별로 재미도 없었고 실력도 늘지 않았다. 이대로 가다가는 대충 졸업해서 사회에 나가야 하는 것 아닌가 하는 불안감도 들었다. 하지만 솔직히 말해 그냥 그대로 있어도 큰 문제는 없었다. 이만하면 학벌도 괜찮았고 영문과는 아직 먹히는 분위기였다. 거짓말을 조금 보태자면 학과 사무실 앞에 구인 광고가 넘쳤고 어디든 회사를 골라서 갈 수 있을 정도는 되었으니까.

하지만 뭔가 의미 있는 것을 찾고 싶었다. 다행히 그때 구원자처럼 나타난 것이 있었다. 영문과에서는 문학 공부만 하는 게 아니다. 언어학이란 것도 배운다. 한마디로 언어를 과학적으로 분석하는 것이다. 나름대로 논리적인 면을 요구하는 것도 흥미로웠고 문학과는 다른 매력이 있었다. 그중에서도 사람의 말소리를 연구하는 음성학이란 분야에 흠뻑 빠졌다.

'그래, 음성학을 공부해보자.'

그때부터 음성학에 관심을 가지고 관련 수업을 죄다 듣기 시작했다. 언어학의 중요한 분야 중 하나인 음성학은 조음기관에서 음성이 어떻게 만들어지는지를 연구하는 조음음성학과 그 음성이 청자의 귀에 전달되기까지 어떤 특성을 가지고 전달되는지를 연구하는 음향음성학, 그 음성이 어떤 과정을 거쳐 소리로 지각되는지를 연구하는 청각음성학으로 나뉜다. 특히, '소리의 물리학'이라 불리는 음향음성학 분야는 공학 쪽과 밀접하게 연결이 된다.

돌아보면 그때 음성학을 선택한 것이 오늘날 음성인식을 포함한 인공지능 기술 관련 연구로 이어진 게 아닌가 싶다. 물론 그땐 이런 연관성에 대해서는 하나도 기대하지 못했다. 그저 여러 발음기관을 움직여서 소리를 내면 그 소리가 일종의 음파로 공기를 진동시켜 귀에 도달하고 청취하게 되는데, 그 과정에 대해 연구하고 공부하는 게 흥미로웠을 뿐이다.

이러한 관심은 석사과정으로 이어져 대학원생이 되어 음성학을 좀 더 깊이 공부하는 계기가 되었다. 동기들은 취직해서 돈도 벌고 한다는데 나는 여전히 이른바 돈 되는 일이 아닌 순수한 학문에 매료되어 연구할 생각을 하다니, 좋게 말하면 순수했고 어떻게 보면 대책 없이 무모했던 것도 같다. 사회 상황이 괜찮고 학벌이 있으니 언제든 일자리는 구할 수 있으리란 믿음이 있었는지, 대학 시절 내내 과외를 몇 건씩 뛰면서 공부했던 전적으로 언제든 경제활동은 할 수 있으리란 자신감이 있었는지는 모르겠으나 점점 음성학 연구라는 틀 안에 고여 지냈다. 그러던 중, 터닝 포인트가 되는 사건이 벌어졌다.

° 4 °
세상에
'갑'은 따로 있었다

지도 교수님한테서 연락이 왔다. 당시 한국통신(지금의 KT)에서 자동 음성인식(Automatic Speech Recognition, ASR) 시스템을 만드는 산학 과제가 있는데 참여하고 싶은지 의향을 물어보셨다. 그 프로젝트에는 음성학자인 지도 교수님과 음성공학자들이 함께하는데, 우리는 언어학자로서 참여하는 것이었다. 인간은 물리적인 음향신호를 듣고 추상적인 소리로 인식한다. 이러한 인간의 음성인식은 음성학이 다루는 연구 분야다. 자동 음성인식은 인간의 음성인식 과정을 기계가 모방하는 것으로, 음성학과 음성공학 지식을 필요로 한다.

음성학자와 음성공학자, 한국통신이라는 기관이 함께 하는 일이다 보니 나로서는 흥분되지 않을 수 없었다. 음성학이 흥미로운 학문이지만 실생활에 어떻게 활용할 수 있을지 답답하던 차에 실질적인 프로젝트에 참여할 기회가 찾아온 것만으로도 기대가 무척이나 컸다.

그런데 웬걸, 실제로 일이 진행되면서 당혹스러움을 감출 수 없었다. 공학자들과 멋지게 협업을 할 거라는 기대와는 달리 우리는 그 팀에서 마치 미운 오리 새끼 같았다. 지금의 상황이라면 처음부터 이 프로젝트에 언어학자를 끼워주지도 않았겠지만, 성능 좋은 인식기를 만드는 데 공학자들의 역할이 거의 전부였고, 우리가 기여하는 것은 거의 없었다.

쉽게 이야기하자면 시리(SIRI) 개발자가 언어학자와 함께 개발을 의논해야 했으니 얼마나 답답했겠는가. 심지어 공학조교한테도 무시를 당했으니 말이다. 아무리 언어학 지식을 들이대며 아는 체를 한다 해도 실질적인 작업 성능이 최우선인 공학적 목표 앞에서는 그 모든 것이 공염불이었다. 그 당시 받은 모욕과 분노는 내 인생을 바꾸는 첫 계기가 되었다. 그 상황을 온몸으로 체감하면서 느꼈던 속상함도 잠시, 그들을 자신 있게 끌고 가는 프로젝트의 실체가 궁금해졌다.

'아…… 저건 뭐지? 지금 내가 연구하고 있는 건 왜 어떤 힘도 발휘하지 못할까?'

기술력보다는 학문과 이론을 말하는 언어학자 앞에서 공학자들은 철저히 우세였다. 현란하게 컴퓨터를 다루며 프로그램을 짜고 기술을 구현해내는 장면을 지켜보며 엄청난 혼란에 빠졌다. 지금까지 공부했던 것이 무용지물처럼 여겨졌던 것 같다. '세상에 갑은 따로 있었구나' 하는 생각에 한 방제대로 맞은 기분이었다. 모든 학문은 평등하다는 생각이 순진했구나 싶었다.

이대로 계속 얻어맞을 순 없다는 생각에 눈을 번쩍 뜨고 프로젝트를 유유히 주도해나가는 실체와 마주했다. 내가 목격한 실체는 바로 코딩이었다. 지금 생각하면 코딩은 하나의 수단이며 도구지만 그때는 그것이 지닌 힘이 매우 커 보였다. 어린 마음에 그들이 컴퓨터 코드를 짜는 모습을 멍하니 지켜보며 저들은 앞서가고 나는 뒤처져 있다는 자괴감이 들었다. 한마디로 학문을 한다고 우쭐했던 마음에 현타가 온 것이다.

그 순간 더 이상 대학원 연구에만 목매고 있는 게 무의미하다는 생각이 들었다. 한번 아닌 건 아니라는 판단이 빨랐기에 그길로 공부를 중단하기로 마음먹었다. 내가 느낀 거대한 실체에 대해 좀 더 구체적으로 알아보고 싶어졌기 때문이다. 물론 대학원을 그만두고 나오는 과정도 수월하지만은 않았다. 아무래도 사제 간의 관계도 있고 여기저기 눈치도 봐야 했지만 이미 다른 분야에 마음이 가고 있던 나의 의지를 넘어설 순 없었다. 찍히면 끝이라는 주변의 말도 귀에 들리지 않았다. 어떻게 보면 그간에 쏟았던 시간이 아깝다는 생각이 들 수도 있었다. 하지만 그렇다고 원하는 길을 포기할 수는 없었다.

그렇게 대학원 생활은 나의 자발적 의지로 중단되었다. 다행히 그 뒤 지도 교수님의 배려 덕분에 논문도 제출하고 잘 마무리가 되었지만, 1997년 나는 철저히 출발선에 다시 섰다. 그동안의 졸업장, 학업, 배경 등등을 모두 내려놓고 필요하다고 생각한 분야, 필요할 거라고 확신한 분야에 과감히 뛰어들기로 했다. 영문과생이 갑자기 웬 컴퓨터를 배우냐는 시선도 있었지만 그 당시 나에게로 훅 들어온 컴퓨터 코딩의 매력은 그만큼 강력했고 도전적이었다. 나도 갑이 되고 싶었다.

◦ 5 ◦

컴퓨터 코딩과의
만남

✏ᨬᨬᨬ 사실 대학 시절 내가 누렸던 행운 중 하나라면 컴퓨터에 대한 노출이 조금 빨랐다는 점이다. 하숙 생활을 했기에 늘 하숙집 친구들과 함께 생활했는데, 대부분이 컴퓨터를 안고 사는 공대 쪽 친구들이었다. 1990년대 컴퓨터 보급과 함께 그들이 컴퓨터에 대해 배우고 익히는 과정을 어깨너머로 볼 수 있었던 건 행운이었다. 스캐너로 읽은 이미지에서 문자를 인식하는 프로그램을 만드는 친구, 누가 타이핑 속도가 빠른지를 두고 술 내기를 하는 친구, 게임을 이기려고 도스 화면에서 해킹을 하는 친구⋯⋯. 이 모든 모습을 지

켜보면서 '아…… 이런 세상이 있구나'를 몸소 체험했다.

1997년도, 그렇게 나는 대학원을 박차고 나와 컴퓨터 학원으로 향했다. 남들이 보기에 무모한 도전을 다시 시작한 것이다. 나를 사로잡았던 컴퓨터 코딩을 배우기 위해 그 당시 가장 유명했던 중앙정보처리학원으로 향했다.

"저…… 컴퓨터 코딩에 대해 알고 싶어서 왔습니다."
"컴퓨터 학원은 처음이세요?"
"네, 완전 초보입니다. 무엇부터 배워야 할지 알려주세요."

컴퓨터를 배우는 학원이 있다는 것도 처음 알았지만 그렇게 다양한 것을 배워야 하는지도 몰랐다. 처음에 간단하게 프로그래밍을 할 수 있는 언어인 베이직(BASIC)을 배우며 점점 흥미를 느꼈다. 다양한 변수를 배우고, 조건문, 반복문 같은 문법을 익히면서 입출력을 정의하는 함수까지 만들어볼 때는 컴퓨터와 대화하고 있다는 느낌마저 들었다. 나아가 C 언어를 비롯한 지금의 자바(Java)로 대체되는 여러 잡스러운 컴퓨터 언어를 공부하면서 컴퓨터라는 기계에 필요한 언어의 다양성을 접했다.

'아…… 컴퓨터가 이런 식으로 움직이는구나.'

'내가 무언가 쓸모 있는 것을 만들 수 있다'는 생각으로
꽉 찬 1년은 금방 지나갔다. 초보자로 시작해서 1년의 시간
이 흐른 뒤 나는 하산하라는 명령을 받고 학원을 나왔다. 학
원에서도 더는 가르칠 것이 없다니 기뻐해야 마땅한데, 딱히
오라는 곳이 없던 나로서는 컴퓨터를 공부한 문과생으로서
갈 길을 알아서 뚫어야만 했다. 갑이 되고 싶은 마음에 시작
한 프로그래밍. 하지만 현실의 벽은 높았다. 문과 석사 출신
백수, 최악의 조합이었다. 학원 강좌를 섭렵하고 승승장구해
도 제 갈 길은 자기가 뚫어야 하는 법이다.

'이제 어디로 가지?'

머리로는 배운 것을 써먹을 기회를 찾아야 한다는 것을 알
았지만 세상은 그리 호락호락하지 않았다. 영문과 졸업장을
내세워 취업하자니 컴퓨터 배운 게 아까워서 도저히 못 하겠
고, 컴퓨터 코딩을 하는 분야로 지원하자니 문과 출신이라는
게 문제였다. 예나 지금이나 이 출신주의가 문제다.

∘ 6 ∘

반전과 역전의
문과생

어느 날 신문을 보고 있는데 전면 광고가 눈에 들어왔다. 삼성그룹의 공채 공고였다. 지금이나 그때나 삼성 취업은 성공으로 가는 전차에 올라타는 것과 같았는데, 그 공고를 보니 가슴이 벌렁거리기 시작했다. '혹시 여기라면 나의 노력을 알아주지 않을까?'

공고를 꼼꼼히 읽어 내려가기 시작했다. 대대적으로 인원을 뽑는 것이었기에 분야별로 나뉘어 있었고, 그때 눈에 들어온 분야는 전기·전자였다. 비전공자인데 과연 나를 뽑아줄지 걱정이 되는 상황이었지만 일단 부딪쳐보기로 했다. 그리고 다행히 서류 심사 결과는 합격이었다.

　서류에는 통과했으니 임원 앞에서 치르는 면접이 관건이었다. 분명히 전공 관련 질문을 받을 텐데 숱한 전공자들 사이에서 과연 의미 있는 인상을 남길 수 있을지 의문이었다. 어떻게 하면 그들의 마음을 움직일 수 있을까 고민했지만, 딱히 묘수는 없었다.

　드디어 임원 면접이 시작되었다. 서류에 통과한 지원자들은 나를 빼고 모두 공대 출신이었다. 면접에서 공통되는 질문을 받았는데, 공학적인 내용이라 솔직히 질문의 내용조차 제대로 파악하지 못했다. 다들 자신 있게 전공 관련 이야기를 하느라 정신이 없었다. 그러는 사이 마침내 내 차례가 왔다. 이미 차이 나는 스펙에서부터 주눅이 들었지만 이대로 물러설 수는 없었다. 솔직히 될 대로 되라는 생각으로 역제안을 했다.

　"면접관님, 저는 공학 전공이 아니라 질문조차 이해하기가 힘듭니다. 대신 석사과정 동안 제가 연구하고 공부했던 분야에 대해 설명을 좀 해드려도 되겠습니까?"

　"그만두었다고 하더니 논문을 썼어요?"

"네, 교수님께서 배려해주셔서 논문을 마쳤습니다. 그 내용과 관련한 설명을 해보겠습니다."

"좋아요. 해보세요."

그때부터 나만의 무대가 주어졌고, 논문의 핵심 연구 내용을 임팩트 있게 전달하려고 최선을 다했다. 덧붙여 공학자들과의 협업 과정에서 느꼈던 컴퓨터 코딩에 대한 이야기, 그로 인해 1년간 코딩 학원을 다녔다는 내용까지 전달했다. 면접관들의 감추지 못하는 흐뭇한 눈빛에서 합격의 가능성을 엿보았다. 그리고 며칠 뒤 최종 합격 통지서가 날아왔다. 드디어 삼성맨이 된 것이다.

나중에서야 듣게 되었는데, 지원자 중에서 공학이 아닌 자신의 전공에 대해 설명한 유일한 사람이었고 꽤나 인상적인 면접이었다고 한다. 나는 1순위를 종합기술원(종기원), 2순위를 SDS로 지원했는데 SDS의 신입사원으로 뽑혔다. 영문과 출신인 내가 프로그래머로 입사한 것이다. 속으론 삼성이라는 조직이 이미 인재에 대해 열린 마인드로 접근하고 있구나 싶기도 했다. 입사해서 맡게 된 모든 일은 학원에서 배운 내용을 하나둘 써먹어보는 기회가 되었다. 물론 입사와 함께 재교육을 받기도 했지만 이미 1년간 다양한 프로그래밍을 숙지한 뒤였기에 아무래도 업무 습득이 빨랐다.

당시 내가 속한 부서는 유니텔 사업부였다. 이 부서는 지금은 너무도 유명한 네이버를 만든 이해진 GIO가 삼성맨으로 있을 때 유니텔 신문 기사 통합 검색엔진 개발을 담당하다가 PC통신 유니텔을 기획 개발하면서 만들어진 부서다. 당시 PC통신 서비스로는 하이텔, 천리안, 나우누리 등이 있었는데 2세대 PC통신으로 개발된 유니텔은 윈도즈(Windows)용 클라이언트였고, GUI 인터페이스를 통해 좀 더 편리한 환경에서 사용 가능하도록 서비스되었다. 유니텔은 출시하자마자 가입자를 어마어마하게 모아 당시 업계 1위였던 천리안을 추격할 정도로 성장하는 중이었다. 그런 부서에서 함께 일하게 되었으니 그 역시 행운이었다. 그때 함께 일했던 이들이 현재 IT 업계에서 내로라하는 위치에 있는데, 그들과 함께 일할 수 있었던 것도, 자유로운 분위기에서 마음껏 개발할 수 있는 환경에 놓이게 된 것도 큰 행운이었다고 생각한다.

무엇보다 좋았던 건 유니텔 사업부에서 그토록 하고 싶던 코딩을 원 없이 해봤다는 것이다. 사업부에 있다 보니 여러 사업에 관한 다양한 프로그램을 개발해야 했는데, 기존에 모델이 있는 게 아니라 새롭게 개발해야 하다 보니 실력도 속도도 필요했다. 프로그램을 다양하게 다뤄보고 짜보면서 실력은 나날이 늘었고, 그러다 보니 1년 차 신입으로서는 맡기 어려웠던 '미수 채권 관리 프로그램' 개발과 같은 복잡한 일, 아이디어를 많이 필요로 하는 일에 도전하게 되는 등 프로그래머로서 누릴 수 있는 환경은 제대로 누렸다고 생각한다.

삼성에서의 1년 반의 시간이 지나가던 어느 날, 나는 잘 다니던 회사를 제 발로 걸어 나왔다. 개발자로 지낸 1년 반은 나에게 큰 기회이자 행복한 날들이었지만, 언젠가는 학계로 돌아가리라는 생각을 늘 가슴에 품고 있었다. 남들이 꿈의 직장이라 말하는 대기업에서 촉망받는 프로그램 개발자로 승승장구할 수 있었음에도, 가슴이 시키는 일을 멈추고 싶지 않았다. 한편으로는 "그게 무슨 말도 안 되는 배부른 소리? 어떻게 얻은 직장인데 그걸 때려치워?" 하는 호통 소리가 들리기도 했지만, 해보고 싶은 일은 하고 죽자는 마음이 더 컸다.

지금도 그때를 돌아보며 가끔은 생각한다. 나는 정말 그 좋은 직장을 그만두어서는 안 됐다. 어쩌자고 그 꽃길을 마다했을까?

PART 2

수학 포기자에서
수학 예찬자가 되다

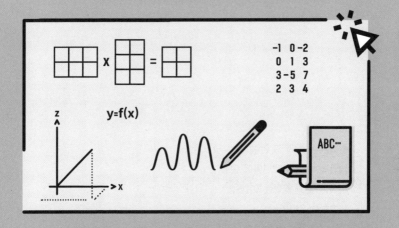

수학은 우주와 그 안에 있는
생명의 숨겨진 패턴들에 관한
지식을 찾아 끝없는 여행을
계속하는 것이다.

케이스 데블린

°1°
인생의 변곡점,
예일대와 해스킨스

본격적으로 유학을 준비하면서 또 한 번 좌절감을 맛보아야 했다. 지금이야 외국 학교로의 유학이 자유롭고 기회도 많이 열려 있지만, 1990년대 후반만 해도 상당히 문이 좁았고 기회도 적었다. 지도 교수님을 찾아가 유학 상담을 드려도 돌아오는 건 긍정적인 답변이 아니었다. 그럼에도 마음속에서 유학에 대한 소원이 계속되었다. 어차피 '못 먹어도 고!'라는 심정으로 유학 준비에 들어갔다.

유학을 가려고 하니 가장 큰 난관이 영어였다. 영문과 출신이 영어를 힘들어하다니 어불성설인데, 부끄럽게도 그랬다. 일단 토플 점수가 미니멈을 넘어야 하고, GRE 점수도 무척 중요했기에 우선적으로 영어 공부에 매진해야 했다.

아무려면 영문학도였는데 뭐 그리 힘들까 싶었으나, 영어 시험에 투자한 시간만 1년이었다. 삭발까지 하면서 독서실을 끊어 다니며 죽어라 공부한 끝에 마침내 원하는 점수를 받았고, 그제야 언어학을 공부할 수 있는 학교들을 고르기 시작했다. 과연 한국에서 온 학생을 받아줄 학교는 어디일지 고민 끝에 열두 개의 대학을 골랐다. 그중에는 이름을 말하면 누구나 알 만한 아이비리그 학교도 있었다. 인터넷이 어느 정도 보급된 시점이라 유학 정보를 어렵지 않게 얻을 수 있었다는 건 그나마 다행이었다.

이 모든 과정을 혼자서 하려다 보니 '이게 맞나?' 싶을 때가 한두 번이 아니었다. 멘토가 간절한 순간이었다. 반면에 혼자서 알아서 해야 하다 보니 독립심, 나아가 깡은 길러진 것 같다. 열두 개 대학에 지원서를 넣으면서도 된다는 확신보다는 전부 떨어질 거라는 불안감이 더 컸다. 학점도 최악이었고 대학원을 다녔지만 제대로 한 연구가 없어서 내가 봐도 이런 학생을 뽑아주는 대학이 있을까 싶었다. 내가 할 수 있는 남은 건 자기소개서밖에 없었다.

'그래, 눈물 나는 자소서를 한번 써보자.'

가장 감동적인 글은 가장 솔직한 이야기다. 사실 그간 내가 살아온 과정이 평범한 것은 아니었기에, 어느 것 하나 흥미를 느끼지 못하던 영문과생이 음성학에 흥미를 느껴 공부했던 것, 그러다가 컴퓨터 코딩의 힘을 발견하고는 과감하게 그쪽으로 터닝해서 공부하다가 기업에서 실전 경험을 키웠던 것, 그러나 꿈을 향해 다시 유학의 길을 선택하기로 결심했던 것 등의 스토리를 가감 없이 적었다. 그러고는 모든 것을 하늘에 맡겼다. 최선을 다했으니 되고 안 되고는 하늘의 뜻이라는 마음으로 연락을 기다렸는데, 드디어 기다리던 연락이 왔다. 그것도 세 군데에서나 합격 통보를 받았다. 뜻밖에도 세 군데 모두 아이비리그였다.

어안이 벙벙했다. 아이비리그로 가게 되면 학비와 생활비를 모두 지원받을 거라고 미리 알고 있었지만, 워낙 경쟁률이 높아서 기대도 하지 않았다. 그저 내 돈 들여 공부해야 할 다른 대학에서라도 받아준다면 "땡큐" 하고 가겠다는 생각만 하고 있었다. 그런데 아이비리그라니 믿을 수가 없었다. 게다가 더 재미있는 사실은 나를 합격시켜준 코넬대학교, 펜

실베이니아대학교(유펜), 예일대학교에서 서로 더 좋은 조건을 제시하며 경쟁이 붙은 것이다. 세상에서 가장 불쌍한 '을'에서 한순간에 모든 결정권을 가진 '갑'이 된 기분이 이런 것일까? 태어나 처음으로 이불 킥을 하며 즐거운 고민에 빠졌다. 그러곤 후회 없이 예일대학교를 선택했다.

예일대학교가 지닌 학문의 정통성과 권위도 좋았지만 무엇보다 그 학교가 추구하는 학문의 방향이 너무도 좋았다. 특히 세계 최고의 음성언어 연구소인 해스킨스연구소가 예일대 소속이었다. 이 연구소는 언어학, 심리학, 컴퓨터공학, 물리학 등 학문의 융합을 강조하는 곳으로 유명했다. 여기서 학생 신분인 나에게 일할 기회를 주겠다니 도저히 믿기지 않았다. 아마 동양인으로서는 최초였던 걸로 기억한다. 훗날 지도 교수님께 왜 나를 선택했는지 물을 기회가 있었다. 그러자 쿨한 답변이 돌아왔다.

"호성, 넌 코딩을 잘하잖아! 해스킨스는 언어 연구소지만 다양한 학문과의 융합을 꾀하고 있고, 과학, 공학, 수학, 코딩과 매우 깊은 연관이 있는데, 우리에게 프로그래머인 너는 천군만마와 같았어!"

순간 전율이 느껴졌다. 한편으로 허무하기도 했다. 그깟 코딩으로? 그래도 그때 학교를 박차고 나와 컴퓨터 학원에 가지 않았더라면 이런 기회는 오지 않았으리란 사실에, 무모하리만큼 용감했던 과거의 내가 조금은 자랑스러웠다.

내 인생에서 최대 변곡점은 바로 예일대와 해스킨스연구소에서 지내던 시기가 아니었을까 생각한다. 그렇게 2000년 9월부터 예일대학교 언어학과에서 박사과정을 시작했다. 동시에 해스킨스연구소에서도 일하게 되면서 새로운 환경에 적응하느라 정신없는 날을 보냈다. 유학의 낭만 같은 건 사치였다. 거의 매일 학교, 기숙사 아니면 연구소에서 보내는 시간이 이어졌다.

해스킨스연구소 자체가 학문 간의 융합을 장려하는 곳인데다 연구원들이 음성학과 함께 각각 물리학, 수학, 공학, 심리학 등의 학문을 다각도로 연구하고 있었기에, 기라성 같은 교수들 틈에서 살아남으려면 뭐든 알아야 했다. 지금 생각하면 웃기지만, 1학년 때부터 괜히 혼자서 국가 대표나 된 것처럼 뭔가 특별해야 한다는 강박에 하루하루를 전투하듯 보냈다. 특히 지독한 일 중독자인 지도 교수님 덕에 나도 그렇게 되지 않을 수 없었다.

"이거 한번 짜봐, 호성."

음성신호 처리와 관련된 내용이었는데, 돌아가지 않는 머리를 밤새도록 쥐어짜서 답장을 보내면 교수님은 바로바로 피드백을 주었다.

"좋아, 좋아. 그런데 이 부분은 좀 고쳐야 할 것 같아……."

이런 메일이 밤새도록 오고 갔다. 그 당시엔 카톡도 없을 때여서 이메일을 서로 카톡처럼 주고받았다. 그렇게 새벽 동틀 즈음에서야 끝났다 싶어서 마지막 메일을 보내고 뻗었는데, 정오쯤 일어나 메일을 확인하니 아침 9시에 이러한 이메일이 도착해 있었다.

"잘했어, 호성. 난 방금 자고 일어났는데 아침 공기가 아주 상쾌하네."

아무리 생각해도 새벽 6시는 넘어서 잠이 들었을 텐데, 아침 9시에 회신을 보내다니……. 그것도 잠을 자고 일어났다니……. 기껏해야 한두 시간밖에 자지 않은 게 분명했다. 처음엔 간담이 서늘하다가 나중엔 감동으로 다가왔다. 제자라고 해서 다르게 대하는 것이 아니라 치열하게 논의하고 의견을 나누는 모습에, 오히려 내가 감동을 드려야겠다는 마음이 들었다. 그때 나는 굳게 마음먹었다. '여기 있는 동안 이 사람들이 지니고 있는 모든 것을 흡수하자'라고.

그렇게 음성에 대한 통찰이 나날이 깊어졌다. 특히 소리라는 게 음성학을 넘어 전기·전자 분야와 같은 공학의 영역으로 확대되는 데 수학이 상당히 큰 비중을 차지하고 있다는 것을 절실히 깨달았다.

예를 들어 전기·전자 분야에서 활용되고 있는 푸리에 정리(Fourier theorem)는 음성의 원리를 제대로 이해하는 데 빼놓을 수 없는 수학적 배경이 된다. 사람이 만들어내는 말소리는 여러 다양한 사인 곡선(sine wave)들로 분해될 수 있는데, 이게 바로 푸리에 급수(Fourier series)다. 여기서 다양하다는 것은 사인 곡선의 주파수(frequency: 느리고 빠르고)와 진폭(amplitude: 크고 작고)이 다르다는 말이다. 뒤집어 이야기하면, 여러 다양한 사인 곡선을 합하면(말 그대로 더하면) 사람의 말을 만들어낼 수 있다는 의미다. 사인 곡선들을 어떻게 달리하느냐에 따라 '아'라는 소리도 만들어내고 '이'라는 소리도 만들어낸다. (이 부분에 대한 자세한 설명은 Part 3에서 다시 언급하겠다.)

음성학에서는 푸리에 이론을 직접 언급하지 않는다. 공학에서도 음성을 아주 깊이 있게 다루지 않는다. 하지만 음성학에서 이 수학적 기반을 미리 알았더라면, 또는 이 복잡해 보이는 수식이 우리가 매일같이 만들어내는 말소리의 핵심 원리라는 것을 진작에 알았더라면 하는 생각이 든다. 아마 나도 모르게 이질적인 두 분야인 음성학과 공학의 융합의 세계로 빠져들고 있었던 것 같다. 수학이란 매개를 통해.

어쩌다 세계적인 TADA 개발자

나를 수식하는 말 중의 하나가 '타다(TADA) 개발자'다. 타다는 세계 최초의 완성된 형태의 조음 합성기다. 해스킨스에서 7년간 꼬박 매달렸던 일이 바로 타다 개발이었다. 예일대에 입학할 당시에도 해스킨스가 세계 최고의 연구소임엔 틀림이 없었지만, 이 조음 합성기의 완성은 연구소가 넘어야 할 산이었고 숙제였다.

음성합성이란 텍스트에서 음성을 만들어내는 것이다. 즉, 타이핑을 하면 말을 한다. 이를 위해 음성의 음향적 특징을 컴퓨터로 모델링하거나, 녹음한 음성을 잘게 쪼개고 이어 붙여서 소리를 만들기도 한다. 특히 인간의 조음기관(혀, 입술, 틱, 성대 등)의 모양과 움직임을 그대로 흉내 내어 원하는 소리를 만들어내는 기술을 조음 합성이라고 한다. 이 조음 합성이야말로 인간의 조음 원리와 최대한 유사하게 모사하는 것이기 때문에 학문적으로 가치가 높다. 하지만 인간의 구강 내부가 어떻게 생기고 움직이는지를 알기 위해서는 그 비용 또한 만만치 않다. 이러한 인간 조음의 원리를 A-Z 컴퓨터로 구현한 조음 합성기를 개발하는 것이 해스킨스의 장기 과제였고, 그것을 꼬박 7년에 걸쳐 이뤄낸 것이다.

물론 이전 연구원들이 어느 정도 코딩으로 틀은 만들어놓았지만 말을 할 때 필수인 인지적인 부분에 대한 구현은 전혀 없는 상태였다. 더욱이 가존에 만들어져 있던 코딩도 과거의 컴퓨터 언어인 포트란(FORTRAN)으로 짜여 있어서 가져다 쓰기가 힘들었다. 컴퓨터 언어부터 새롭게 선택해야 했다. 공대에서 주로 사용하는 매트랩(MATLAB)으로 변환하는 작업부터 이루어졌다. 두 언어에 대한 이해뿐 아니라 내용에 대한 충분한 이해도 필요했기에 언어를 변환하는 것부터가 엄청난 과정이었고, 인지적인 부분은 새롭게 프로그래밍을 해야 했기에 많은 시간과 노력이 투자되었다.

무려 7년의 프로젝트 과정을 통해 다양한 연구와 실험을 했고, 그 결과를 논문으로 발표했다. 시행착오는 일상이었고, 막히는 부분이 나올 때는 며칠간 연구가 중단되기도 했다. 그러다 또 신기하게도 시간이 지나면 해결책이 나왔고, 그렇게 또 한 스텝, 한 스텝 나아가는 식이었다. 도저히 모르겠으니 방법을 알기 위해 공부했고, 공부하다 보니 알게 되는 순환이 이어졌다. 그리고 이 타다 프로젝트를 통해 나는 공학과 수학 쪽에 새롭게 눈을 뜨게 됐다. 그런데 이 빛나는 성과에도 양면이 있었다.

'그래, 마침내 세계 최초로 조음 합성기를 만들었어. 신기하긴 해. 그런데 그게 뭐? 이걸 어디에, 어떻게 사용할 수 있지?'

솔직히 그 부분에 있어서는 명쾌한 해답을 내릴 수가 없었다. 공학 쪽으로 접근한 프로그래밍이라 하지만, 그 쓸모와 활용성에 대한 고민이 이어졌다. 예일대를 졸업할 즈음 조음 합성기를 공학에 이용하면 어떨까 하는 고민을 안고 있을 때, 메릴랜드대학교 전기전자컴퓨터공학부의 캐럴

에스피 윌슨(Carol Espy-Wilson) 교수와 협업할 기회가 생겼다. 특히 박사과정에 있었던 인도 출신 비크람지트 미트라(Vikramjit Mitra)와의 인연은 내 인생을 공학으로 틀게 되는 첫 시발점이었다.

비크람과 나는 서로가 서로에게 필요한 존재라는 것을 한눈에 알아차렸다. 그는 음성학을 하는 내게서 음성과학의 이론을 알고자 했고, 나는 그가 가진 공학의 기술과 노하우가 절실히 필요했다. 사실 과학과 공학은 비슷한 듯하지만 다르다. 과학이 '왜'를 탐구한다면, 공학은 '어떻게'를, 즉 성능을 중요시하는 연구를 한다. 이렇게 성능을 추구하다 보니 산업과 깊이 연관되어 있어서인지, 공학은 그에 따른 권위가 강하다. 좀 더 솔직히 말하자면 돈과 가장 가까운 학문이라고고 볼 수 있다.

나는 그에게 음성이 어떤 메커니즘으로 만들어지는지를 설명했고, 그는 그 원리를 어떻게 인공지능에 적용할 수 있을지에 대한 기술들을 공유했다. 각자가 처음 접하는 내용을 어떻게 하면 서로에게 쉽게 전할 수 있을지 혼신을 다했다. 그 친구는 메릴랜드에 있었고 나는 코네티컷에 있었기에, 우리는 보통 스카이프를 켜놓고 거의 실시간으로 묻고 답했다.

한번 통화를 하면 서너 시간 정도는 기본이었다. 음성학과 공학, 서로 다른 분야인 것처럼 보이지만 우리는 그 공통점 속에서 융합의 실마리를 찾았다. 또한 끝장 토론과 끝장 설명으로 상대를 어떻게든 이해시켜내야 내가 더 잘 배우고 깨달을 수 있다는 이타적 이기심이 제대로 발동한 시기이기도 했다.

그렇게 시간이 흘러 나도 공학 쪽 대부분을 이해하고 구현할 수 있게 되었고, 비크람도 음성학 이론 쪽으로는 음성학자만큼이나 정통하게 되었다. "상대의 것을 완벽히 내 것으로 만들자. 내 것을 완벽히 상대의 것으로 만들어주자"가 우리의 모토였다. 우리는 그렇게 '참융합'이란 무엇인지를 제대로 느끼며 음성학과 공학의 다양한 융합을 시도하고 배웠다.

° 3 °

인문학의 돌파구,
공학에서 찾다

✎〰〰 2014년, 14년 만에 고국으로 오게 되었다. 미국에서 14년간 지내며 나름 학자로서의 성과와 보람을 갖고 살았기에 평생 그렇게만 살 줄 알았다. 예일이 있는 뉴헤이븐의 공동묘지에 묻히는 게 소박한 꿈이었을 정도로 연구소 생활에 적응하며 살았는데, 갑자기 상황이 바뀌었던 것이다. 세계적인 금융 위기로 경제 상황이 나빠졌고, 그러한 영향은 해스킨스와 같은 비영리 연구 기관에 직격탄이 되었다.

갑작스러운 긴축재정 상황에 위기감이 들 무렵, 유학길에 처음 가졌던 후학 양성에 대한 생각이 떠올랐다. 그제야 모교의 지도 교수님께 연락을 드렸다. 그간 연락 한번 드리지 않다가 전화하기까지 손이 오글거렸지만, 감사하게도 매우 반갑게 연락을 받아주셨다.

"어떻게 지냈니? 박사 논문은 썼어?"

"네, 2007년도에 썼는데 그간 연락을 못 드렸습니다. 죄송합니다."

"아니야. 자기 일만 열심히 하면 되지, 연락은. 그나저나 한국에 들어올 생각은 없니?"

"네, 그럴 계획은 아직 없습니다."

"그렇군. 이번에 미국 나갈 일이 있는데 한번 볼까?"

"네, 꼭 오십시오."

그렇게 십수 년 만에 지도 교수님을 뵙게 되었다. 당신의 제자가 그간 어떤 연구를 해왔는지 무척이나 궁금해하셨다. 나 또한 외롭게 걸어왔던 10여 년의 결과물들을 어린아이처럼 반짝이는 눈으로 한 시간이나 넘게 설명해드렸다. 내 이야기를 다 전하고 난 뒤 얼마간의 침묵이 흘렀다. '교수님이 보시기엔 내가 아직 부족한가?' 하는 생각을 하고 있을 때,

드디어 교수님께서 입을 떼셨다.

"흐음…… 정말 큰일을 해냈구나. 이 결과물들을 가지고 한국에 들어가 많은 남호성 키즈(kids)를 키워보는 것도 의미가 있다고 생각해."

순간 눈물이 핑 돌았다. 교수님의 응원과 격려가 참으로 따뜻했다. 그간의 노력을 보상받은 느낌이었다. 한국으로 지원할 기회는 예상보다 빨리 왔다. 교수 자리는 정해져 있기에 티오(TO)가 생길 때 비정기적으로 공고가 나곤 하는데, 때마침 모교인 고려대학교에서 영문과 교수를 모집한다는 공고가 떴고 나는 주저 없이 지원했다.

그동안 주변의 평판을 쌓기 위한 노력을 전혀 하지 않았던 터라 아직 인맥이나 인간적인 교류를 중요하게 여기는 학계에서 어떻게 생각할지 전혀 알 수가 없었다. 변수와 운의 교묘한 줄다리기에서 최종 승리를 해야 하니, 그저 유학 갈 때처럼 최선을 다해 서류를 준비하고 겸허하게 결과를 기다리기로 했다.

기대 반, 우려 반의 마음으로 시간을 보내고 있을 무렵, 최종 합격 메일을 받았다. 학과 교수님들께서 예쁘게 봐주신 덕에 큰 고생 없이 한국으로 돌아올 수 있었다고 생각한다. 나는 그길로 바로 짐을 싸서 한국으로 들어왔다. 그러고 보면 나는 짐 싸는 것 하나는 참 잘한다. 아니다 싶으면 바로 짐을 싸서 나오기도 하고, 됐다 싶으면 바로 짐을 싸서 들어가기도 한다. 모교 교수로 들어갈 때도 그랬다.

그렇게 14년 만에 돌아온 모교는 친숙할 줄 알았는데, 아니었다. '그동안 한국에 무슨 일이 있었던 건가?' 싶을 정도로 2014년의 대학 풍경은 굉장히 낯설었다. 가장 충격적이었던 사실은 내가 맡게 될 영문과 대학원생이 단 두 명뿐이라는 것과 학과에 대한 위상이 추락했다는 현실을 받아들여야 하는 것이었다. 과 사무실 앞에 굴러다니던 인재 모집 공고는 씨가 말라 있었고, 기껏 자랑거리라는 게 알 만한 기업에 나가 인턴 생활을 해봤다는 정도였다. 학생들은 로스쿨이나 공무원 시험에 매달리고 있었다.

'아아…… 인문계가…….'

내가 대학에 다니던 시절과는 판이 전혀 달랐다. 어쩌면 아마도 영문과가 그 선봉에 서 있을지도 모른다는 자괴감이 들었다. 이런 상황에서 과연 교수를 믿고 석사과정에 들어온 제자들은 어쩌나 걱정부터 됐다. 학문으로서의 음성학을 가르친다고 할 때 그것이 과연 밥벌이에 얼마나 도움을 줄 것인가 하는 생각부터 들기 시작했다. 아무리 다양한 인접 학문의 융합을 겸비한 쓸모 있는 음성학을 연구해왔다고 자부하지만, 타다를 개발한 뒤 그것의 상업적인 활용도에 대해서는 당당히 무시했던 나의 거만한 모습이 오버랩됐다. 교수로서 그저 학문을 가르치고 프로젝트를 따내고 논문 실적을 올리는 기존의 패턴을 따라갈 수도 있었지만, 새로운 도전을 하기로 했다. 그때 혼자 결심한 바가 있다.

 '적어도 교수의 아성을 구축하기 위해 제자들을 이용하지 않는다.'

 '14년을 쏟아부은 음성학을 내려놓고 언어공학 분야라는 실사구시를 함께 연구한다.'

 '교수의 이로움을 추구하는 게 아니라 학생의 이로움을 추구한다.'

이러한 고민과 다짐 끝에 나는 언어공학 쪽에 주력하기로 했다. 솔직히 14년의 연구로 점철된 음성학을 옆으로 밀어내야 하는 아픔이 있었지만, 아무리 생각해도 그 길이 맞는 다는 생각이 들었다. 언어 쪽에서도 그나마 음성학은 과학과 공학에 맞닿아 있는 학문이라고 하는데도, 그마저 이미 사양길을 걷고 있었다. 어떤 미국 교수가 했던 "음성학은 아시아 여성이 선택하는 학문이 되어버렸다"라는 말은 아주 듣기 불편했지만, 많은 의미를 내포하는 씁쓸한 말인 것만은 인정할 수밖에 없었다. 그렇게 인문학의 돌파구를 공학에서 찾아 나가기로 했다. 그런 마음으로, 교수로 불리는 '선생'이 되던 첫 해인 2014년 스승의 날에 나 자신에게 썼던 편지다.

'선생님'이 된 지 두 달여가 지났고, 첫 번째 맞는 스승의 날이다. 아직도 가르칠 때나 학생들과 섞여 있을 때 '내가 선생이었지' 하고 문득 깨달으면서 놀란다. 여전히 이전의 학생 때를 못 벗고 있는 걸까, 아니면 아직도 선생이고 싶지 않은 걸까? 나의 어릴 적 좌우명은 "멋있게 살자"였다. 외모가 출중해서, 혹은 일을 잘해서, 혹은 마음이 착해서, 혹은 다재다능해서, 혹은 머리가 너무 좋아서 등 여러 가지 이유로 멋있을 수 있다. 꾸준히 멋있게 산다는 건 힘든 일이겠지만, 난 '멋있게'라는 이 말이 여전히 좋다. 멋있다는 말에 최고가 되고자 하는 바람이 담겨 있어서인 것 같다. 이제 '선생님'이 되어버린 나는 어떻게 살아야 멋있게 살 수 있을까? 돌이켜 보면, 그 멋있는 선생님이 되기 위해 살아온 것 같기도 하다. 내가 선생님이 되면 반드시 이렇게 해야지 하면서 무수히 다짐했던 걸 기억한다. 그리고 그걸 준비해왔다.

첫째, 늘 배우는 학생의 신분이어야 한다. 영화 〈올드보이〉에서 배우 최민식이 연기한 오대수가 15년 동안 갇혀 있던 공간에서 자기 자신을 괴물로 만든 것처럼, 여기 서관에서 내 후배들을 '멋있게' 가르치기 위해 지난 15년 동안 나는 나를 괴물로 만들어왔다. 많이 주기 위해선 많이 가져야 한다. 주어도 주어도 바닥이 보이지 않도록 많이 갖고 있어야 한다. 나는 '진화'라는 말을 좋아하다 못해 사랑한다. 오늘의 내가 어제보다 나은 내가 아니어선 안 된다. 이제 나는 혼자만의 내가 아니다.

둘째, 나를 최대한으로 이용할 수 있도록 해야 한다. 나의 모든 것을 앗아 갈 수 있게 하는 최고의 방법을 찾아야 한다. 떠먹여주는 교육을 해야 한다. 스스로 생각하는 걸 교실에서 강요하지 말아야 한다. 내가 힘들자. 내가 힘들면 힘들수록 학생들은 편해진다. 무조건 떠먹이자. 그럼 조만간에 그들은 나를 훔쳐 갈 사람이 될 것이다.

셋째, 학생들에게 감동을 주어야 한다. 감동은 반전에서 나온다. 예상을 빗나가게 해야 한다. 선생이면 이런 복장을, 선생이면 이런 언어를, 선생이면 이런 행동을, 선생이면…… 선생이면…… 선생이면……. 이 모든 것을 하나도 남김없이 다 깨부숴버려야 한다. 하나도 남김없이. 역설적으로 선생답지 않으면 멋있는 선생이 될 수 있다. 반드시 그렇게 되어야 한다.

넷째, 학생들에게 행복을 주어야 한다. 그들은 내 가족이다. 나를 어려워하지 않아야 하고, 나 때문에 힘든 건 절대 있어선 안 된다. 그리고 내가 가르치는 게 무슨 도움이 되는지 반드시 생각하자. 그들의 현재와 미래의 행복에 도움이 된다면 뭐든지 해야 한다. 그들의 행복이 최우선이어야 한다. 심지어 나의 행복보다도. 아니, 그게 나의 행복이다.

마지막으로, 절대 잊지 말고 이 모든 것을 실천해야 정말 '멋있는' 선생임을 명심 또 명심해야 한다. 다 쓰고 나니, 드라마 〈허준〉의 스승 유의태가 생각난다. ㅋㅋㅋ 멋있는 선생이시네!

° 4 °

수학과 코딩을 가르치는
별난 영문과 교수

영문과 교수로서 본격적으로 공학을 시작한 건 한 대학원생과의 일대일 스터디에서였다. 언어학을 공부하면서 계속했던 것이 코딩과 수학이었고, 공대 친구를 통해 공학 분야도 공부했던 터라 일단 음성학과 연결된 공학 공부부터 시작했다.

"재구야, 앞으로는 어떤 학문이든 공학과 연결하지 않으면 살아남지 못해. 음성학도 마찬가지인 것 같아. 그러려면 프로그래밍이 필수야. 컴퓨터는 어느 정도 하니?"

"교수님, 저는 컴퓨터로 게임만 해봤습니다."

"괜찮아. 그렇게 시작하는 거야. 이제부터 나랑 만나서 코딩부터 공부하자."

영문도 모른 채 지도 교수를 따라 졸지에 코딩 공부를 하게 된 제자 1호 강재구는 그때부터 내게 강제 과외를 받았다. 내가 알고 있는 모든 걸 최단기간 내에 복붙해서 전수해주자는 심정으로 시작했다. 코딩을 어느 정도 하게 되면서부터는 음성학과 관련된 수학적 개념을 실제 데이터를 이용해 내 손으로 만지며 내 눈으로 확인할 수 있게 되었다. 재구 역시 전형적인 문과생이기에 당연히 대학 4년과 군대 2년의 시간 동안은 수포자였다. 하지만 오랜 수학의 공백에도 불구하고 코딩을 통해 실제 음성 데이터를 시각화해보면서 그 또한 수학에 대한 흥미와 수학이 필요한 이유를 몸소 깨닫기 시작했다.

"재구야, 이거 봐. 음성에 대한 물리학적 원리를 파고들어가다 보면 그 속에 수학이 아닌 것이 없지? 코드로 그걸 직접 구현해보니까 훨씬 더 이해하기 쉽고 머리에 잘 남지 않니?

나도 사인 곡선을 직접 코드로 짜서 소리를 처음 들어봤을 때의 희열을 아직도 잊을 수가 없어. 정말 짜릿하지 않니?"

"진짜 그렇네요. 고등학교 때 삼각함수 배우면서 봤던 사인 코사인 곡선이 주파수, 즉 높낮이가 있는 소리 그 자체라는 것도 그렇고, 그게 또 공학과 수학의 원리로 더 발전되어 광범위하게 이용되고 있다는 걸 알게 되니까 새롭게 보여요. 수학을 제대로 잘 알면 정말 많은 도움이 될 것 같아요."

"그래서 우리가 수학을 공부해야 한다는 거야."

아무것도 몰랐던 제자 역시 문과로 진학하며 손 놓은 수학을 다시 들여다보았고, 비록 둘뿐이었지만, 그래서 외롭기도 했지만, 고군분투하는 둘만의 시간이 이어졌다. 둘밖에 없었기에, 시간에 구애받지 않고 서로 시간이 날 때마다 만나서 나는 알려주는 일을 했고 제자는 배웠다. 제대로 갖춰진 공간도 없어서 빈 강의실이나 카페를 전전하며 공부를 해나갔다. 누가 보기에도 이건 영문과 대학원 과정의 공부가 아니라 거의 외인부대였다.

"교수님, 신호처리에서 이산수학이 나오잖아요. 어떤 강의를 들으면 좋을까요?"

"공대 수학 강의도 좋고, 요즘은 인터넷에 올라오는 강의 자료 중에도 쉽게 설명된 게 많이 있는 것 같아. 내가 한번 들어보고 말해줄게."

나는 그렇게 대학원 수업을 진행하면서 거의 수학과 코딩 얘기만 했던 것 같다. 해스킨스에 있으면서 누구보다 필요성을 절감했고, 스스로 찾아보며 이해했던 그 수학을 내 제자에게 최대한 쉽고 편하게 전수하고자 노력했다. 가끔은 공대 수업을 듣게도 했는데, 그때마다 공대 교수들과 학생들은 이 영문과 대학원생을 이상한 눈으로 쳐다봤다.

재구로 시작한 대학원생은 날이 갈수록 하나둘 늘어갔다. 모교 출신의 대학원생뿐 아니라 타 학교에서 배우겠다며 찾아온 제자들도 있었다. 대외적으로 언어공학에 대한 강의를 하고 논문을 발표하고 그러면서 나름대로 이쪽에 뜻을 안고 문을 두드린 친구들이었다. 처음으로 부담감이 확 생겼다. 이젠 정말 건널 수 없는 강을 건넜다는 생각에 정신이 번쩍 들었다. 비록 한 명, 한 명의 학생이지만, 그 학생 자신에게 그의 인생은 우주 그 자체다. 내가 그 우주를 책임져야 한다.

그때 탄생한 교육 방식이 '이타적 교육, 이기적 학습 방식'이 었다.

가르치는 것은 분명 이타적인 행위다. 하지만 나를 위한 최고의 학습은 누구를 가르칠 때 비로소 이루어진다. 노벨 물리학상 수상자인 리처드 파인만이 남긴 명언처럼, 어떤 지식은 아무나에게 쉽게 설명할 수 있을 때 그 깊이가 가장 깊어진다. 결국 누군가에게 제대로 가르침으로써 자신의 지식 수준을 한 단계 업그레이드하는 것이니, 이는 한편으론 이기적인 행위라고도 볼 수 있다.

재구는 다른 학생들을 가르치면서 가파른 실력의 상승을 경험했고, 그다음에 들어온 다른 학생들도 역시 같은 경험을 실천했다. 이러한 학습 패턴은 지금까지도 계속 이어지고 있는데, 이 다단계 교육 생태계로 인해 학생들은 지금도 여전히 자신이 배운 걸 서로 더 가르쳐주지 못해 안달이다. 그래야 자기 지식이 깊어짐을 잘 알기 때문이다. 파인만의 주변 사람들도 가르쳐주려고 안달이었던 파인만 때문에 힘들었다고 한다. 그렇게 이타적 이기심에 기반한 교육 생태계는 만들어지고 있었다.

그러는 사이 어느덧 대학원생이 재구를 포함해 여섯 명으로 늘었고, 나름 연구소의 이름도 붙일 수 있었다. 언어공학을 연구하는 연구소 '남즈(NAMZ)'라 이름 붙였는데, 여기엔 중의적인 의미가 있다. 처음에는 남호성 교수와 그의 제자가 함께한다는 의미로 '남호성의 제자들(Nam's)'이라 이름을 붙였던 것인데, 나중에 공개하겠지만 훗날 예상치도 못한 전개와 기회가 뒤따르며 또 하나의 새로운 의미를 부여할 수 있었다.

내가 해스킨스연구소에서 융합형 인재의 중요성을 몸소 경험했듯이, 그저 나처럼 수학과 코딩을 배워 새로운 길을 걷는 인문계 학생들이 더 많아지기를 바라는 마음에서 시작한 일이었다. 시작은 참 미약했지만 그렇게 새로운 길이 점차 열리고 있었다.

○ 5 ○

인공지능 연구소 '남즈'의 반란

 남즈는 역설적으로 아카데미아와의 단절로 시작되었다. 연구비를 따고 논문을 쓰고 학회에서 발표하는 것을 최소화했다. 아카데미아의 문법에 일일이 맞추는 것이 어쩌면 우리의 미래에 걸림돌일 수도 있겠다는 생각이 들었다. 오히려 조금 배고프더라도 하고 싶은 것만 하는 것이 당장은 막막해 보여도 어느 순간엔 그 빛을 발하리라는 믿음으로 임했다. 그렇게 수학과 코딩을 하며 언어공학을 구현하는, 세상 어디에도 없는 영문과 대학원 팀으로 자리 잡기까지 수년의 시간이 걸렸다.

나를 믿고 따르는 제자들과 아무도 걸어가지 않은 길을 개척한다는 것이 결코 쉽지는 않았다. 솔직히 어떤 때는 내가 왜 이런 일을 자처했나, 공부한 것만 가지고 그대로 편안히 가르쳤어도 하등 문제 될 게 없었을 텐데 왜 이렇게 아등바등 사서 고생을 하나 싶다가도 '얘네들이 네 자식이었어도 그렇게 했겠니?'라고 자문할 때면 아무리 생각해도 이 길로 가는 게 옳다는 결론이 났다. 그리고 인문계 학생으로서 취업의 길도, 공부의 길도 막막한 상황에서 새로운 세상을 선물 받았다며 이젠 뭔가 길이 보인다고 고마워하는 제자들을 보면서 용기를 얻을 수 있었다.

남즈는 하루가 다르게 성장했다. 해스킨스 때부터 주로 사용해오던 매트랩(지금은 거의 안 쓰지만)을 이용한 코딩을 가르치며 프로그램을 짰고 실전에 익힐 수 있도록 점검했다. 그와 함께 서로서로 필요한 수학 스터디를 하고 토론하며 알고리즘을 이해하고 코드를 분석해갔다. 교수로서 해야 할 일은 큰 숲을 제공하는 것이었기에, 남즈가 제대로 된 역할을 할 수 있는 프로젝트를 발굴해야 했다. 우리는 흔히 볼 수 있는 연구소가 아니었다. 다른 곳과 차별화할 수 있는 지점이 분명 있었다. 하지만 문과생들이 뭉친 언어공학 연구소였기에 또 밖에서 볼 땐 굉장히 애매한 포지션이기도 했다.

'문과생들이 코딩을 해?'
'영문과 대학원생들이 웬 공학 연구소?'

이런 선입견을 깨뜨릴 수 있는 길은 실력을 보여주는 것밖에 없었다. 그러기 위해 적극적으로 공대 쪽과 교류하고, 정통 언어학에서는 접근하지 않는 분야를 기웃거리며 관심 분야를 확장해나갔다. 다행히 해스킨스연구소를 통해 음성학 뿐 아니라 뇌과학과 인지과학 분야에도 우리가 가진 코딩과 수학 역량을 펼칠 기회가 점점 많아졌다. 처음에는 인지도가 없던 우리 팀에 대해 미지근한 반응을 보였지만 남즈의 친구들이 불가능하게 보이던 일을 해내는 것을 보더니 점점 우리가 어떤 것을 할 수 있는지, 어떤 각오로 코딩과 수학을 배우며 음성학을 확장해나가고 있는지 관심 있게 지켜보는 눈들이 생겨났다.

시간이 지나면서 남즈가 할 수 있는 일은 차츰 늘어났다. 뇌 영상, 뇌파에 관한 수학적 분석 또한 가능하게 되었다. 또 인지과학 분야는 다양한 고가의 장비(예: 아이 트래커)를 통한 실험이 많다. 보통은 거기서 나오는 데이터를 널리 쓰는 툴을 이용해 분석한다. 하지만 우리는 원 데이터를 직접 다루며 필요에 따라서는 원하는 툴을 만들 수 있는 수준에까지 이르렀다. 그야말로 한 분야도 쉽게 손대기 힘들다고 하는 분야를 닥치는 대로 도장 깨기 하듯 연구했다. 이 과정에서 논문을 쓰거나 연구비를 따거나 하는 것은 최소한으로 했다. 나도, 학생들도 학자가 되어 유학을 가고 교수가 되는 것이 목적이 아니었다. 오히려 얼마나 나를 괴물로 만드는가에 혈안이 되었다. 그래서 한 도장을 깼다 생각되면 다시 다른 도장으로 이동했다.

처음에는 학교에서도 웬 영문과 교수가 부임하자마자 몇 명 되지도 않는 대학원생들을 데리고 외인부대처럼 지하 도서관을 전전하며 스터디를 하고 공학을 하는 모습에 전혀 관심을 두지 않았다. 오히려 곱지 않은 시선으로 보는 이들이 많았다는 표현이 맞을 것이다. 영문과 대학원생이 우르르 공대 수학을 청강한다고 할 땐 차가운 시선도 받았다. 연구실도 컴퓨터도 제대로 갖춰놓지 못하고 코딩을 한다고 하니 어처구니없어하기도 했다. 뭐 한다고 애들을 데리고 다니며 되지도 않는 코딩을 한다, 수학을 공부한다고 하는지…… 조롱까지는 아니어도 저게 되겠나 싶은 시선을 받을 때가 한두 번이 아니었다.

그들을 책임져야 하는 교수 입장에서는 무척이나 괴로운 시기였다. 분명히 우리가 가는 길이 맞는 듯싶고 학생들의 실력은 폭발하고 있었다. 하지만 당장 손에 잡히는 결과물이 없다는 게 늘 나에게는 큰 부담이었다. 그들의 미래를 생각하면 가슴이 죄어와 죽을 것만 같았다. 세상에 나가 맞설 실력은 충분한데 진짜 링 위에 오를 기회가 없는 답답함이 늘 있었다. 그렇다고 남들 다 하는 논문으로 승부하고 싶진 않았다. 그런 면에선 철저히 반골이었다.

이렇게 고군분투하고 있을 당시 남즈의 어머니와도 같은 존재가 있었다. 본교 국문과 신지영 교수님이다. 같은 음성학 전공자로서 남즈에게 무조건적인 응원과 실질적인 조언으로 늘 든든한 정신적 지주가 되어주었다.

그러던 어느 날, 운명의 날이 찾아왔다. 신 교수님의 소개로 '미디어젠'의 고훈 대표님과 만났다. 미디어젠은 현대/기아자동차의 음성 솔루션을 담당하는 회사다. 자동차 운전대를 자세히 보면 버튼이 하나 있는데, "라디오 켜 줘" 하면 라디오가 켜지는 그 시스템을 이 회사에서 만든다. 바로 차량

용 음성인식 시스템이다. 이때까지만 해도 역량만 출중했던 남즈 친구들에게 지향점이 비슷한 산업계와의 만남은 흥분 그 자체였다.

당시 대표님은 언어학을 전공하는 연구자들과의 산학 협력 정도를 기대하셨던 것 같다. 하지만 난 이 만남을 우연이 아닌 필연으로 만들어야 한다는 직감이 들었다. 더군다나 대표님은 기업을 운영함에 있어 근원적인 고민을 가지고 있는 상황이었기에 나는 과감하게 이런 제안을 했다.

"대표님, 저희 남즈는 언어과학뿐 아니라 공학 쪽도 연구하고 있습니다. 대학원생 모두 코딩을 할 줄 알고 음성학을 기반으로 연구하고 있으니 이번에 저희한테 한 달만 시간을 주십시오. 원하시는 부분에 대한 솔루션은 물론이고 미디어젠이란 회사에 대해 더 알 수 있는 기회를 주십시오."

나로서는 엄청난 모험과 실험을 한 것이다. 어느 기업이 검증되지 않은 유령 연구소에 회사의 분석을 맡기겠는가. 그런데 더 놀라운 일이 벌어졌다.

"좋습니다. 교수님, 이제부터 한 달간 미디어젠을 낱낱이 소개해드리겠습니다."

그날로 미디어젠 회사 핵심 관계자가 와서 회사를 소개해주었고 기술 강의를 해주었다. 일주일에 두 번씩 강의를 들으며 나름 깊숙한 기밀에 이르기까지 세부적인 기술들에 대해 알게 되자 회사의 현재와 미래가 그려졌다. 그렇게 한 달의 시간이 지났고, 다시 대표님과 마주 앉았다.

"교수님, 저희 회사를 들여다보신 소감이 어떠십니까?"
"솔직히 말씀드려도 될까요? 제가 보기에 이 회사는 미래가 없습니다. 자체적인 기술이 없기 때문입니다."

대표님은 마치 독설과도 같은 직언에 놀라면서도 체념한 듯했다. 안타깝지만 인정할 수밖에 없는 문제였기 때문이다. 미디어젠은 음성인식 솔루션을 제공하는 회사이지만 모든 기술을 외국에서 사들여 와서 조립해 납품하고 있었다. 당시 현대자동차 차량에 내비게이션 등 음성인식 관련 소프트웨어를 납품하고 있었는데, 자체 기술이 없어서 많은 비용을 로열티로 지불하고 있었다. 무엇보다 자신의 기술이 없다는 건 치명타였다. 그것을 지적했던 것이다.

"교수님 말씀이 옳습니다. 사실 제가 그것 때문에 마음고 생을 하고 있습니다. 우리도 자체 기술력이 있어야 한다는 것을 왜 모르겠습니까? 회사 창립 이후 줄곧 노력을 해왔지 만 여러모로 쉬운 문제는 아닌 것 같습니다."

"대표님, 저희가 도와드리겠습니다. 남즈는 음성학을 기반 으로 공학을 연구하는 곳이니 상통하는 부분이 많을 겁니다. 솔루션 부분을 저희가 한번 개발해보면 어떨까요?"

"정말 그렇게 하실 수 있겠습니까? 저희가 뭘 해드리면 됩 니까?"

"이순신 장군에게 열두 척의 배가 남아 있었듯이, 제겐 남 즈라는 무기가 있습니다. 지금 그 친구들이 하이에나처럼 연 구 개발에 굶주려 있거든요. 그들에게 연구할 공간과 컴퓨터 만 제공해주시면 됩니다."

"에이, 교수님, 그게 말이 됩니까? 원하는 조건을 말씀해보 세요."

"진짜로 그것만 해주시면 됩니다. 대신 나중에 결과를 보신 뒤 그에 합당한 처우를 해주시면 됩니다."

그 뒤 남즈에 미디어젠의 에인절(angel) 투자가 이루어졌다. 학교 주변에 허름하지만 나름대로 단장된 연구 공간과 6대의 컴퓨터가 제공되었다. 학생들은 이게 웬 천국이냐며 좋아서 어쩔 줄 몰라 했고, 바닥에 미끌어져가며 춤을 추고 노래를 불렀다. 그리고 고마워했다. 미디어젠 대표님도 마찬가지였다. 그동안 기업을 경영하면서 산학 협력이다 뭐다 자체 기술 개발을 위한 투자와 노력이 큰 결실을 보지 못한 터라 마음고생이 심했는데, 그것도 모교 후배들이 달려들어 해결책을 찾아보겠다고 하니 너무도 고마워하셨다. 서로가 윈윈할 수 있는 기회라고 생각한 것이다. 이날부터 남즈(NAMZ)는 '미디어젠에서의 새로움(Novelty at MediaZen)'으로 거듭났다.

공포의 외인구단 같았던 남즈에게도 우리만의 공간이 생겼다. 각자가 마음껏 프로그래밍할 수 있는 서버 컴퓨터도 생겼다. 이 연구소의 의미는 단순히 공간과 컴퓨터가 아니었다. 우리 꿈의 시작이었다. 회사로서도 처음으로 독립 연구소를 만든 것이었기에 본사 에이스 연구원들까지 상주하며 회사와의 연결도 긴밀하게 가져갔다. 남즈의 모든 연구는 미디어젠만의 기술력을 구축하는 데로 옮겨졌다. 가장 먼저 한 일은 큰돈을 주고 사 온 프로그램을 연구소 자체 기술력으로 만들 수 있을지 가늠하고 시도해보는 것이었다.

당시 포항공과대학교에서 1억 원을 주고 사 온 프로그램을 사용하고 있었는데, 그 프로그램을 뛰어넘는 프로그램을 만드는 업무에 도전했다. 그 프로그램에는 자연어 이해(Natural Language Understanding, NLU) 기술이 내재되어 있다. 한 문장을 넣으면 핵심 정보를 뽑아내는 것이다. 우리는 한 달 정도의 노력 끝에 본래 프로그램 성능을 압도할 수 있었다. 솔직히 인더스트리 쪽 업무는 처음이라 조금 긴장했는데 노력만큼 좋은 결과가 나와주어 다행이었다.

연구소를 시작한 지 얼마 지나지 않아 거둔 성과에 오히려 회사 측에서 더 놀라는 분위기였다. 남즈는 거의 주 단위로 기존의 프로그램을 대체할 프로그램을 새롭게 개발해냈다. 그동안 연구 개발에 투자를 하면서 학교 연구 팀과 이해관계가 달라 결과도 얻지 못하고 상처만 남았는데, 이토록 죽도록 미치도록 연구에만 매달려 성과를 내고 있으니 그럴 만도 했다.

"이건 뭐 공대생 저리 가라네요."

"대표님, 저희는 공대생보다 더 낫습니다. 왜인 줄 아십니까? 거긴 한 사람, 한 사람이 개발자이지만 우리는 모두가 한 팀입니다. 모든 걸 공유하고 함께 개발하니 당연히 더 좋은 결과를 내는 겁니다."

프로그램 개발에서도 남즈는 함께였다. 이타적 이기심을 교육에도, 개발에도 반영했기에 어떤 프로젝트를 진행하든 모두가 함께 의견을 나누고 지식과 정보를 나눠 최선의 것을 선택하는 방법을 취했다. '네가 잘되어야 내가 잘된다'는 것을 모두가 알고 있었다. 잃을 게 없는 이들, 하나라도 얻을 때 모두가 나누자는 마음으로 가득한 남즈의 반란은 무서웠다.

6

남즈만의
새로운 드라마를 쓰다

"교수님, 남즈가 옮겨 갈 만한 장소를 찾아보세요."

"장소는 왜요?"

"좀 더 넓고 작업하기 좋은 곳으로 옮겨드리겠습니다. 이제부터 남즈에 전권을 드릴 테니 어떤 조건에서 일할지 조건에 대해서도 말씀해보십시오."

미디어젠의 연구소로 남즈가 일한 지 1년 지났을 때 날아든 낭보였다. 뛸 듯이 기뻤다. 솔직히 대표님이 만나자고 연락을 해왔을 때 조금은 걱정이 됐다. 아무리 남즈의 프로그램 개발 능력을 인정받았다 해도 직접적인 매출로 이어지기엔 시간이 필요한 상황이라 혹시라도 걱정을 했었는데 기우였다. 그렇게 남즈는 미디어젠의 AI 연구소가 되었다. 사무실과 컴퓨터만 있으면 부족할 게 없다고 덤비던 학생들은 미디어젠의 정식 연구원이 되었다. 그렇다고 하는 역할이 바뀐 건 아무것도 없었다. 인공지능 시대가 빠르게 진행됨에 따라 우리가 해야 할 역할, 가야 할 길이 바쁘다는 생각뿐이었다.

희희낙락 서로 도와가며 재미있게 뭔가를 하고 있지만, 더 나아가 돈도 많이 버는 연구소를 만들고 싶었다. 그게 나의 임무이자 사명이란 생각에 더욱 많은 일을 도모했다. 우리는 음성인식 시스템을 중점적으로 연구하며 기술력을 키워갔다. 미디어젠의 핵심 원천 기술은 미국의 대기업에서 라이선스를 주고 프로그램을 사오는 상황이었다. 하지만 그것으로 끝이 아니라 우리 상황에 맞게 시나리오를 짜고 동작이 이뤄지게끔 가짓수를 정하고, 말이 나감과 동시에 기계가 동작하는 시퀀스에 대한 시나리오를 완성하는 모든 대화 매니징을 만들었다. 사실 원천 기술을 가공하는 작업이 훨씬 복잡한데도 우리 것이 아니라는 이유로 계속 자본이 들어가는 입장이었다.

남즈 연구소는 이 문제를 해결해나갔다. 연구소의 불이 꺼질 틈 없이 모두가 해결책을 찾기 위해 알고리즘을 연구했다. 그 속에 담긴 수학적 개념을 공부하고 토론하고 더 좋은 방법을 찾아 보완하며 기술을 완성해나갔다. 그 결과 음성으로 말하면 문자 텍스트로 전달해주는 음성인식 기술을 순수 자체 기술력으로 개발했다. 현재 다수의 온라인 쇼핑몰(신세계, AK 등)의 콜센터, 공항 철도의 티켓 자동 발매기, 옥스퍼드출판사의 온라인 책에서도 우리의 기술을 찾아볼 수 있다. 남즈는 음성인식 기술뿐 아니라 인공지능에 기반한 다양한 언어 지능 분야로 업무를 확장해왔다. 그래서 지금 음성합성, 웨이크 업, 발음 평가, 언어 교육, AI 가창, 텍스트 분석, 챗봇 등에 대한 데이터, 알고리즘, 컴퓨팅 모두를 자체적으로 보유하게 되었다.

기술의 무한 경쟁 시대, 인공지능을 활용한 언어 관련 인공지능 업체 및 연구소는 이미 포화 상태다. 하지만 남즈는 공대생이 아닌 전원이 문과 출신이다. 대부분이 공대 출신이 아닌 어문계 출신으로 인공지능 기반 솔루션을 만드는 최초의 연구 집단이다. 언어 관련 인공지능 기술을 A부터 Z까지 자체적으로 만들어내고 있고 성능도 국내 최고 수준이라 자부한다. 한 가지 예로 자연어 이해와 생성 분야에서 남즈가 개발한 모델은 여러 대기업을 제치고 23위를 기록하고 있으며, 경량화 모델로서는 최고 수준을 자랑한다.

인문계 출신의 이러한 반란은 4차 산업혁명의 '객'으로 고개를 떨구고 있는 많은 인문계 출신에게 희망을 주고 있다. 미래가 불투명한 상태에서 그저 가능성을 보고 뛰어든 여섯 명의 전사들이 일과 배움을 서로 나누며 이제는 스무 명의 전문 연구원으로 거듭나, 딥 러닝 기반 음성인식 시장을 주도해나가고 있다. 처음 시작했을 때를 생각하면 믿기지 않는 성과를 우리 스스로 개척해온 것이다. 6년 만에 이룬 놀라운 성장세는 딥 러닝 시장이 최근 10년간 폭발적으로 성장한 것과 속도를 같이하지만, 이러한 정량적인 성장보다도 나는 남즈를 향한 시선의 변화에 더 의미를 두고 싶다.

"교수님, 저는 문과 학부생인데요, 남즈에서 미래를 만들어보고 싶습니다."

다양한 학회나 중등·고등·대학교에서 강의 요청을 받고 남즈 이야기를 비롯한 인공지능 시대의 수학과 코딩의 필요성에 대해 이야기하다 보니, 여기저기서 이런 요청들을 받기 시작했다. 이메일로 연락이 오기도 하고, 때론 교수 연구실로 용기 있게 찾아와 받아달라고도 한다. 남즈가 많은 이들의 진입 장벽이 되고 있었다. 아무도 우리를 주목하지 않았던 때에 비하면 1만 단계 이상으로 성장한 셈이다. 게다가 '문과 출신의 인공지능 연구소'라는 최초의 타이틀 때문인지 인문계 학생들이 대부분이다. 인문계로 지원자의 조건을 내건 것도 아닌데 참 신기하다.

사실 인공지능은 기계를 사람답게 만드는 것이다. 결국 '사람'을 만드는 것인데 현재의 인공지능에는 '사람'이 없다. 사람은 옆으로 밀려나 있다. 그 이유는 인문학을 하는 사람이 인공지능의 주인이 아니기 때문이다. 나는 인공지능을 더 사람답게 하기 위해서는 인문학자가 만들어야 한다고 굳게 믿고 있다. 인문학을 하는 우리는 인공지능의 빼앗긴 소유권을 공학자로부터 찾아와야 한다. 그러기 위해 기술을 배워야 하고, 그러기 위해 수학을 해야 한다. 남즈의 스토리는 인공지능의 주인 찾아주기가 될 수 있다.

누구도 관심 가져주지 않던 영문과 대학원 연구실에 문과 학부생들이 인공지능 기술을 연구하겠다며 문턱이 닳도록 드나드는 반전의 드라마. 혼자라면 아무것도 아니지만 모두가 함께라면 못할 게 없다는 정신으로 진정한 협업을 이뤄가는 불패전의 드라마. 불확실한 미래의 전제에서도 먼저 지식을 쌓은 자가 후발 주자를 위해 아낌없이 지식을 나눠 주고, 노력의 결실로써 얻은 결과를 확실한 미래로 발전시켜가는 미래의 드라마. 우리는 코딩을 넘어 인공지능 기술 개발의 새로운 지평을 열며 가슴 따듯해지는 미래를 꿈꾸는 젊은 이들의 청년 드라마를 써나가고 있다. 그리고 이러한 기적의 한가운데에 바로 수학이 있다.

PART 3

수학이 대세인
세상이 온다

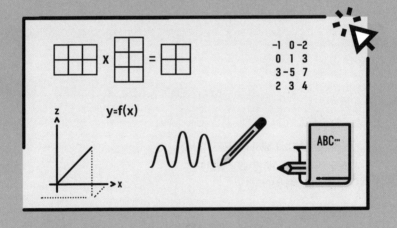

수학이 어렵다고 해서 걱정하지 마세요.
장담컨대, 나는 여러분보다 훨씬 더
수학이 어려웠으니까요.

———————

아인슈타인

먹고살기 위한
도구와 눈으로써의 수학

수학 없는 세상, 상상이 매우 잘 된다. 대학만 가도 수학을 전공하거나 공대 쪽만 아니라면 초·중·고등학교의 의무교육 기간에 접한 수학을 다시는 보지 않아도 된다는 생각에 마음이 한결 가벼워지는 게 사실일 것이다. 그러니 당연히 수학 없이도 잘 살고 있고, 잘 살아갈 것만 같다. 아니, 솔직히 말해 수학을 안 할 수 있어서 너무나도 행복할 것이다. 문과생인 나 또한 그랬으니까.

"수학 모른다고 사는 데 지장은 없잖아."

어쩌면 이 말이 맞을 수도 있다. 수학이 없다고 해서 세상 무너질 일이 없는 것도 사실이고, 더 솔직히 수학을 모른다고 어떻게 되지 않는 것도 사실이다. 그럼에도 왜 한편에서는 수학을 강조하는가? 나는 왜 돌고 돌아 다시 수학의 길로 왔는가?

건물을 짓는 순간을 한번 생각해보자. 건물을 지을 때 우리는 여러 가지 도구를 동원한다. 사람이 손으로 직접 짓는 건 원시시대나 했던 일이고, 여러 도구가 발달한 이상 편리한 도구를 사용하지 않을 이유가 없다. 만약 포클레인이나 크레인 없이 건물을 지을 수 있다는 믿음은 그런 장비를 써서 지어보지 않은 사람의 말일 것이다. 이처럼 수학 없이도 지금의 세상을 살아갈 수 있다는 생각은 수학이라는 도구를 활용해보지 않은 이들의 편한 핑계에 지나지 않는다.

만약 우리가 본래부터 하나의 눈을 가지고 태어났다면 그에 적응하며 불편함 없이 살아갔을 것이다. 누구도 두 개의 눈으로 보는 세상을 모를 것이기 때문이다. 수학은 우리에게 또 다른 눈을 준다. 현재 두 눈으로 살아가는 우리는 수학이 없더라도 큰 불편함이 없다고 말할지 모른다. 하지만 이는 다른 눈으로 세상을 본 적이 없기 때문인지도 모른다. 수학을 먼저 접하고 경험해본 사람으로서 자신 있게 말하건대, 수학은 분명 세상을 보는 세 번째 눈, 즉 새로운 시각을 제공한다. 그렇기에 수학을 포기한다는 것은 하나의 눈을 포기하는 것과 다름없다. 불편하지 않다고 해서 눈 하나를 포기하겠는가?

입시 때면 면접 위원으로서 지원자인 고3 학생들을 마주하는 일이 잦다. 원서의 한편을 보면 학생들의 장래 희망이 빼곡히 적혀 있다. 그리고 학생들은 그 장래 희망과 꽤 유사한 학과를 지원하고 선택한다. 외국과는 달리 우리는 거의 모든 대학에서 미리 학과를 정하게 한다. 인생의 갈림길과도 같은 학과 선택이 어린 학생들의 손에 달려 있다는 사실이 어찌 보면 아찔한 일이 아닐 수 없다. 하지만 상황이 이렇다 보니 다수의 장래 희망은 현실과는 다른 환상에 불과한 것이 되기 쉽다. 미디어에서 좋게 포장된 직업이 그들의 허상 같은 꿈이 되어 둥둥 떠다니는 현실이 무섭기도 하다. 10여 년 뒤 대부분의 사람들이 과 선택을 후회하는 이유도 여기 있다.

수십만 구독자와 수억대 연 소득의 유튜버를 바라보며 너도나도 유튜버가 되겠다고 뛰어드는 세상이다 보니, 학생들이 생각하고 선택할 수 있는 폭도 그리 넓지 않다. 특히 인문계일수록 전공과 관계없이 취업 걱정의 늪에 빠져 너도나도 로스쿨, 공사, 공무원 시험에만 매달려 시간을 보낸다. 그렇기에 나는 다시 한번, 특히 문과생들에게 수학을 공부해야 한다고 강조하고 싶다.

수학이 점점 더 중요한 시대가 오고 있다. 수학을 해야 하는 솔직한 이유는 더 나은 일자리를 보장하기 때문이다. 4차 산업혁명은 기술과 융합이라는 키워드로 대변된다. 기술과 융합 안에 수학은 핵심 중에서도 핵심이다. 수학 없는 기술과 융합은 그저 껍데기에 불과하다. 그렇기에 4차 산업혁명 시대에 무엇을 배워야 하느냐고 묻는다면, 나는 단연코 수학과 코딩을 꼽겠다. 과거의 이야기를 잠깐 다시 언급하자면, 내가 대학교에 다닐 때만 해도 영문과 출신의 취업률은 거의 최고 수준이었다. 사회적으로 고용이 많이 이루어지기도 했지만, 그 당시에는 문과 계열을 선호하는 사회적 분위기와 경향이 있었던 것도 같다. 하지만 이제는 시대가 바뀌었다. 영문과 교수로 부임하고 난 뒤 가장 놀랍고 뼈아프게 느꼈던 현실의 벽은 다름 아닌 제자들의 너무나도 낮은 취업률이었다. 말 그대로 참혹하기 그지없었다.

공대생을 '공돌이'라고 부르며 비하하고 문과를 선호하던

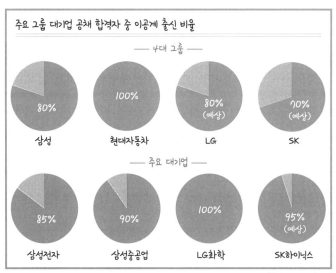

주요 그룹 대기업 공채 합격자 중 이공계 출신 비율

— 4대 그룹 —

- 삼성: 80%
- 현대자동차: 100%
- LG: 80% (예상)
- SK: 70% (예상)

— 주요 대기업 —

- 삼성전자: 85%
- 삼성중공업: 90%
- LG화학: 100%
- SK하이닉스: 95% (예상)

*출처: 조선일보(2014)

향후 10년 인력 과다, 인력 부족 예상 10개 학과

4년제 대학 기준

인력 과다			인력 부족	
경제·경영	12만 2,000명	1위	기계·금속	7만 8,000명
중등교육	7만 8,000명	2위	전기·전자	7만 3,000명
사회과학	7만 5,000명	3위	건축	3만 3,000명
언어·문학	6만 6,000명	4위	화공	3만 1,000명
생물·화학·환경	6만 2,000명	5위	농림·수산	2만 6,000명
인문과학	3만 5,000명	6위	토목·도시	1만 9,000명
디자인	2만 8,000명	7위	의료	1만 1,000명
음악	2만 명	8위	미술·조형	1만 1,000명
법률	2만 명	9위	약학	9,000명
특수교육	1만 9,000명	10위	교통·운송	9,000명

*출처: 한국경제, 고용노동부(2015)

시절이 엊그제 같은데, 이 말은 이제 3차 산업혁명 시대를 대변하는 말이 되었다. 4차 산업혁명 시대에 들어서면서 문과의 위상은 바닥으로 떨어졌다. 요즘 "문송합니다"라는 말이 많이 쓰인다고 한다. '문과'와 '죄송합니다'를 합쳐 부르는 말로, 문과생이 수학이나 과학 농담을 이해하지 못하거나 이과생과 비교해 문과생의 취업률이 심각할 정도로 떨어지는 현상을 비하하는 자조적인 블랙 유머라고 한다. 훗날 5차, 6차 산업혁명 시대가 오면 다시 문과가 우대받을까? 아마 그때쯤이면 문과는 물론이고 대학 자체가 유적지로 변해 있을지도 모르겠다.

이러한 인문학의 쇠퇴 분위기는 실제로 취업률에서도 드러난다. 취업률 데이터를 비교해봐도 이공 계열과 현저히 차이가 난다. 기술이 필요 없는 분야에서도 이공 계열 전공자들을 선호한다. 요즘 같은 데이터 세상에서 인문학적 소양은 비전공자도 충분히 가질 수 있지만, 기술에 대한 이해도는 아무래도 차이가 난다고 생각하는 이유에서일 것이다.

좀 더 실제적인 사례를 들어보자. 다음은 《US뉴스(US News)》가 선정한 '2021년 베스트 잡' 상위 25위 직업이다. 25가지 직업을 살펴보면 새롭게 랭크된 것도 있고 세월이

2021년 베스트 잡(The Best jobs in 2021)

랭킹	직업
1	내과 간호사
2	소프트웨어 개발자
3	간호조무사
4	의료 행정 매니저
5	내과 의사
6	통계학자
7	언어치료사
8	데이터과학자
9	치과 의사
10	치과 교정의
11	수의사
12	IT 매니저
13	물리치료 간호사
14	마취과의
15	정보 보안 분석가
16	물질 남용 행동 장애 상담사
17	파이낸스 매니저
18	구강 안면 외과의
19	작업치료사
20	혼인 가정 치료사
21	물리치료사
22	보조기 보철사
23	기계 엔지니어
24	금융 설계사
25	지도 제작자
30	운영 연구 분석가
47	컴퓨터 시스템 분석사
49	수학자

바뀌어도 꾸준히 랭크되는 직업들도 있다. 미국에서 최고의 직업으로 꼽은 25가지 직업은 크게 두 가지 부류로 나눌 수 있다. 하나는 의료 분야, 다른 하나는 데이터, 수치, 컴퓨팅을 다루는 분야다. 특히 치고 올라오는 직업들을 살펴보면 수를 다루는 일이 주류를 이룬다. 이 결과만 놓고 보아도 과연 수학이 대세인 세상이 왔다고 해도 무리가 없다고 본다.

그렇다면 수학이 왜 이렇게 중요해졌을까? 인류의 역사가 걸어온 과정에서 수학은 그저 학문으로서만 존재했다. 실생활에 그다지 연관되어 있는 것같이 느껴지지 않았다. 농경사회에서 2차 산업혁명 사회, 다시 3차 산업혁명 사회를 거치는 과정에서 비즈니스의 형태는 사람 간의 관계 속에서 이루어졌다. 다시 말해 업무의 도구로써 수학이 그다지 필요하지 않았다.

하지만 4차 산업혁명 시대를 맞은 지금은 상황이 달라졌다. 과거가 '누가누가 말을 더 잘하나?'로 자신의 것을 파는 시대였다면, 지금은 '누가 기술의 우위를 점하고 있느냐?'가 관건이 되고 있다. 잘 파는 것에 투자가 이루어지기보다 좋은 것을 만드는 것에 훨씬 집중하는 시대가 온 것이다. 나아가 직접 만드는 사람이 파는 것도 더 잘할 것이라는 믿음에까지 이르렀다. 그래서 요즘은 영업, 총무, 인사, 기획, 홍보와 같은 전형적인 문과 관련 부서도 이공 계열을 더 선호한다고 한다.

지금의 산업은 데이터와 기술 속에서 이루어진다. 이 데이터와 기술의 우위를 점하고 있는 이들이 매우 유리하다는 말이다. 지금 현재 우리가 살고 있는 이 세상을 살펴보면 수많은 기술과 데이터에 둘러싸여 있다. 그것은 컴퓨터라는 기계의 혁명적인 발전으로 이루어진 것이며, 그 변화의 기반이 되는 밑바탕에 바로 수학이 자리하고 있음을 알아야 한다.

◦ 2 ◦
수학 계급사회의
도래

✎〰〰 21세기에 계급이란 말을 쓴다는 것이 시대착오적인 발상 같지만, 써야겠다. 영문과 교수로서 바라볼 때 지금은, 앞으로는 더욱더 수학 계급사회를 맞이할 것 같다. 수학 계급사회, 수학을 다루는 계급과 그렇지 않은 계급으로 나뉘는 사회 말이다. 너무 가혹하다고 생각할 수도 있겠으나 꼭 필요한 말이기에 할 말은 해야겠다.

불과 20년 전, 본의 아니게 이러한 계급을 구분 짓는 용어가 있었다. 바로 '컴맹'이다. 본격적으로 인터넷 세상이 시작되면서 컴퓨터를 다룰 수 있는 이들과 그렇지 않은 이들로 나뉘었고, 세월이 흘러 지금에 이르렀다. 정보화 시대에 컴퓨터를 잘 다룰 수 있는 이들은 시대의 요구에 편승해 혜택을 누렸고, 누리고 있다. 지금은 그 자리를 수학이 대체하고 있다고 본다. 수맹, 즉 수포자가 존재감 낮은 불가피한 계층이 되어가고 있는 것이다.

실제로 수십 년 동안 많은 학생들이 고교 계열 구분을 통해 수학을 하는 집단과 수학을 하지 않아도 되는 집단으로 갈려 혜택과 불이익을 당하고 있다. 이를 통해 수학 공부의 의무를 면제받았다고 생각한 인문계 학생들은 사실상 수학을 공부할 권리를 박탈당한 것인지도 모른 채, 문과형 인간이라는 프레임에 갇혀 살아간다. 하지만 이는 국가와 개개인의 미래 잠재성을 상당 부분 거세당하게 하는 잘못된 교육정책에서 비롯된 것이라고 생각한다. 정보가 부족한 어린 학생과 부모에게 이러한 결정을 하도록 자유의지를 넘기는 제도는 당장 없어져야 한다고 본다.

계열을 구분하는 것은 인문과 이공 계열의 차이뿐 아니라 또 다른 차이를 낳고 있다. 남녀의 결과적 차이와 잠재적 차별이 그것이다. 이 같은 사실을 현실적으로 보여주는 것이 취업률이다. 현재 상대적으로 취업률과 연봉이 높은 공과 계

대학 학과 계열별 지원자 여성 비율

계열	전체 인원	여학생 지원	비율
전체	172만 7,479명	98만 2,407명	56.8%
인문	4만 3,110명	3만 1,491명	73.0%
사회	40만 8,223명	28만 1,144명	68.9%
교육	7만 5,115명	6만 9,683명	92.8%
공학	40만 986명	7만 1,450명	17.8%
자연(수학 · 물리 · 천문 · 지리)	938명	289명	30.8%
자연(그 외)	11만 1,304명	6만 1,081명	69.2%
예체능	31만 5,740명	19만 6,368명	62.2%

출처: 한국교육개발원(2019)

열 학과는 남초, 취업률과 연봉이 낮은 어문 계열 학과는 여초 현상이 벌어지고 있다. 실제 2019년도 대학의 학과 계열별 지원자들 중 여성의 비율을 비교한 자료다.

위의 통계에서 알 수 있듯이, 수학이 필요한 학과 계열(공학, 자연계 중 수학, 물리, 천문, 지리)의 여학생 비율은 압도적으로 낮다. 여학생들의 수학 기피 현상은 고스란히 대학 졸업 후 직업에서의 차이로 반영된다. 당연히 수학이 필요치 않은 직군으로 갈 확률이 훨씬 높다. 앞서 보았듯이, 수학을 필요로 하지 않는 직군의 연봉은 상대적으로 낮게 책정되어 있는데, 이는 남녀의 근원적인 차이로 귀결될 수밖에 없다. 시간이

지남에 따라 가부장적인 남녀 차별이 희석되고 있다고 하는데, 수학으로 인해 또 다른 남녀 차별이 만들어지고 있는 건 아닌지 걱정될 정도다.

어떤 이유로든 여학생의 수학 기피를 이대로 방치하면 직군에서 오는 소득의 격차로 이어질 수밖에 없다고 본다. 이것은 최근 부각되고 있는 남녀의 대립 양상, 혐오 현상과도 무관하지 않다. 수학을 적성으로 치부해서 중·고교, 대학 과정에서 차등 교육을 하는 것은 사회문제까지도 야기할 수 있음을 명심해야 한다.

수학 계급사회의 도래는 모르긴 해도 앞으로 더 심각해질 수 있다. 물론 여전히 수학 없이도 잘 살 수 있다고 생각한다면 뭐라 할 수는 없다. 다만, 삶이 곧 현실이고 대학 진학이 곧 현실로 이어지는 치열한 현장에서 지내다 보니 수학 계급사회에 대한 현실감이 더욱 와닿는다. 그렇기에 좀 더 선택의 기회가 많은 분야로 많은 학생들을 안내해주고 싶은 마음이 간절하다.

고3 학생들에게 대학을 왜 가려 하냐고 질문하면 열이면 열, 취업하기 위해서라고 대답할 것이다. 그게 현실이다. 그밖에 고상한 이유가 존재하는 경우는 거의 없다. 그렇다면 좋은 직장이 무엇인지 생각해봐야 한다. 좋은 직장이란 잘 먹고 잘 살 수 있는 직장, 즉 먹고 살 수 있을 만큼 경제력이 뒷받침되어야 하고 남들에게 인정받을 수 있는, 무시당하지 않을 만한 일자리를 말한다. 그리고 무엇보다도 가장 중요한 것, 하지만 대부분 인지하지 못하고 있는 것이 있는데, 바로 그 직업을 구하는 일련의 과정과 노력이 헛되지 않은 일이어야 한다는 것이다.

나는 이 모든 조건을 만족시켜주는 학문이 바로 수학이라고 생각한다. 일단 앞서 봤듯이, 수학과 관련된 직업은 상대적으로 자발적이고 주체적 성격이 강한 일로 연결되고, 이것은 자부심과 행복, 더불어 경제력을 뒷받침할 수 있다. 그렇기에 전공이 인문 계열이니 수학을 몰라도 된다는 생각은 애초에 버려야 한다. 고등교육에서 영어 과목이 공통 필수이듯, 수학 과목도 문과와 이과 구분 없이 공통 필수가 되어야 한다. 수학이 자연 계열에만 필요하다는 발상은 무지의 소산이다. 수학을 안 해도 되는 전공과 분야가 있다는 것은 무책임한 집단 최면 같은 것에 불과하다.

수학은 기회의 폭을 넓혀주고 한층 더 좋은 직업과 삶의 질을 가져다주며 세상을 보는 새로운 눈을 뜨게 해준다. 물론 기술 중심의 시대로 접어든 시점에 수학의 역할은 당연히 그 중심에 있어야 하지만, 인권의 증대와 더불어 수학의 무거운 부담을 덜어주어야 한다는 주장이 상충해 대립되고 있다. 하지만 이 문제는 수학의 필요성과 중요성을 먼저 인정하고 수용하고 난 뒤에 방법적으로 생각해도 늦지 않다고 본다. 중요한 것은 앞으로도 계속될 수학 계급사회에 대한 인지다.

∘ 3 ∘

수학은
융합의 기초다

✏️〰️ "우물을 파도 한 우물을 파라."

오랜 시간 이 명언과도 같은 속담은 절대 진리처럼 우리의 뇌리에 박혀 있다. 속담이란 게 민족성을 뒷받침하기도, 이끌어가기도 하는 말이라서 오랜 시간 동안 많은 이들이 '한 우물을 파는' 일에 매진해왔다. 하지만 단언컨대 이제는 그 말이 이렇게 바뀌어야 한다고 생각한다.

"우물을 파려면 여러 우물을 파라."

한 우물을 파라는 속담은 4차 산업혁명 시대에 전혀 맞지 않는다. 물론 한 우물도 제대로 파지 못하는데 어쩌자고 이곳저곳 기웃거리느냐고 반문할 수도 있겠다. 하나라도 제대로 하는 게 맞긴 하지만, 지금 우리가 살아가는 세상, 앞으로 살아가야 할 세상은 하나만 가지고는 제대로 살아낼 수 없는 세상이 될 것이다. 개인적으로 4차 산업혁명 시대에 우리나라가 선두 주자로 나서지 못하는 이유가 바로 여기에 있다고 생각한다.

최근 10년 동안 융합이란 말을 여기저기에서 자주 들어왔다. 아주 중요한 가치가 된 것 같다. 그래서 그런지 융합을 표방하며 여러 분야의 전문가들이 서로 모이는 일도 잦다. 하지만 기대만큼 열매를 맺지 못하는 것도 사실이다. 아마도 융합이란 것이 물리적인 결합만은 아니기 때문일 것이다.

진정한 융합은 단순한 결합을 넘어서 화학적 반응이 일어날 때 가능한 것이라고 본다. 그러기 위해서 융합은 여러 분야의 많은 사람이 단순히 모이는 것이 아니라, 한 사람의 머릿속에 여러 학문이 녹아 있을 때 비로소 일어난다고 할 수 있다. 즉, 한 사람이 여러 우물을 파야 한다는 말이다. 각자 잘하는 분야를 가진 사람들이 모여서 융합을 이뤄내는 것이 아니라, 조금

씩이라도 여러 분야를 접해본 융합형 인재들이 더 많아져야 진정한 융합을 이뤄낼 수 있다. 다빈치와 데카르트가 다방면에 전문적 지식을 갖추고 역사를 써나갔던 것처럼 말이다.

실은 14~18세기 유럽의 대학이야말로 진정한 융합 교육을 했다. 이때의 대학은 의학, 법학, 신학, 철학과만 있었다. 의학, 법학, 신학은 직업교육을 담당했고, 철학은 지금의 철학과와 달리 그 밖의 모든 과목을 다 가르쳤다. 문학, 예술, 과학, 기술, 수학 등을 동시에 가르쳤던 것이다. 문과, 이과 구분도 당연히 없었다. 철학을 하는 사람이 수학을 하고, 과학을 하는 사람이 예술을 하는 것이 전혀 놀랍지 않았다.

그러나 지금은 그때와는 달리 모든 학문이 쪼개질 대로 쪼개져 있다. 그렇게 우리는 한 우물만을 고집스럽게 파왔다. 학과 간의 벽은 높아질 대로 높아져 융합은커녕 결합도 힘들다. 현재의 대학은 전문성과 분업화를 중요시한 3차 산업혁명의 가치에는 잘 맞는다. 하지만 융합을 표방하는 4차 산업혁명에는 적합하지 않은 구조다.

융합형 인재가 중요하다고 해서 여러 가지 영역을 겉핥기식으로 한 사람의 머리에 담아놓는다고 갑자기 융합이 일어날까? 그건 또 아니다. 각자의 영역이 아닌 타인의 영역에서도 전문가급 소양을 갖출 수 있을 때 제대로 된 융합이 일어날 수 있다.

10여 년 전 해스킨스연구소에 있을 때의 일이다. 당시 연구소에서 연구원으로 있는 사람들은 대부분 대학교수였는데, 협업 프로젝트를 진행할 때 보면 혼자서 다 해내는 이들이 있었다. 음성학과 공학의 협력 프로젝트를 진행한다고 할 때 필요한 전문 분야의 지식이 상당히 동원되는데, 그것을 아우르는 지식과 정보를 가지고 프로젝트를 해내는 모습을 보며 굉장한 감동을 받았다. 실제로 여러 우물을 팠던 전문가들은 다양한 프로젝트를 제대로 해냈고, 창조적인 결과를 냈다. 시간과 노력을 확실히 줄여주었으며, 질적으로도 매우 우수했다.

예일대에서의 지도 교수님 또한 여러 우물을 판 사람 중 한 분이었다. 음성학을 비롯한 다양한 분야의 전문 지식을 모두 갖추었을 뿐 아니라 그것을 하나로 꿸 수 있는 능력자였기에 다양한 연구 실적을 내며 해스킨스의 명성을 높였다. 그리고 그 영향은 내게도 이어졌다. 박사과정을 하는 동안 교수님은 끊임없이 나에게 하드코어 음성학의 전반 지식 기반을 넓혀나가도록 조언했고, 그에 부응하려다 보니 나도 모르게 다양한 분야로의 지식 확장을 이루게 되었다. 짧게 다음과 같이 그 융합의 예를 들 수 있겠다.

사람의 말소리를 연구하는 것은 화학에서 물질을 이루는 최소 단위를 찾아나가는 과정과 닮아 있다.

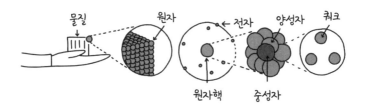

예를 들어 '나는 학생이다'라는 문장은 '나는'과 '학생이다' 두 어절로 나눌 수 있다. 이 어절들은 '나', '는', '학생', '이다'의 4개 단어로, 이 단어들은 '나', '는', '학', '생', '이', '다'의 여섯 개의 음절로, 이 음절들은 'ㄴ', 'ㅏ', 'ㄴ', 'ㅡ', 'ㄴ', 'ㅎ', 'ㅏ', 'ㄱ', 'ㅅ', 'ㅐ', 'ㅇ', 'ㅣ', 'ㄷ', 'ㅏ'의 14개 음소로 쪼개진다. 이때 이 개별 소리에 해당하는 음소도 쪼갤 수 있을까?

이 중에서도 '아'라는 음소에 집중해보자. 우리가 '아'라는 소리를 낼 때 성대는 열렸다 닫혔다 하면서 공기압의 파동을 만든다. 우리가 기타 줄을 튕기면 떨리면서 소리를 만들어내듯이 말이다. 그렇다면 '아'라는 소리는 더 쪼갤 수 없을까?

사실상 '아'라는 모음은 먼저 해부학적으로 성대에서 기본 소리를 만든 후 '아'라는 입 모양(구강)을 거쳐 '아'라는 소리를 만들어낸다고 이해하면 된다. 다시 말해, '아'가 아닌 다른 모음을 내더라도 성대에서 나는 소리는 동일하다. 그 소리를 들어보면 모음은 모음인데 무슨 모음인지 특정할 수 없는 소리다. 이 성대 소리에서 입 모양을 어떻게 하느냐에 따라 다른 모음이 만들어지는 것이다.

그럼 모든 모음의 기본이 되는 성대 소리는 더 잘게 분석할 수 있을까? 성대의 소리는 가장 단순한 여러 소리로 더 쪼갤 수 있다. 가장 단순한 소리(pure tone)란 일상에서는 잘 듣기 어려운, 악기를 조율할 때 쓰는 소리, 소리굽쇠 소리 또는 TV 화면 조정 때 나는 삐 소리 같은 것이다. 그 파형은 사인 곡선과 같다. 즉, 성대 소리는 주파수(음의 높낮이)가 다른 여러 사인 곡선들의 조합이다.

그런데 이 조합에는 신비한 규칙이 있다. 어떤 모음을 내든 성대가 떨릴 텐데, 만약 1초에 100번 떨었다면(100Hz 주파수라 함), 이 성대 소리는 반드시 100Hz짜리 사인 곡선을 갖는다. 그리고 1초에 200번, 300번, 400번, 500번…… 떠는 사인 곡선들도 함께 조합되어 그 성대 소리를 만들어낸다(120쪽 그림 참조). 그래서 우리 말소리의 더 쪼갤 수 없는 최소 단위는 단순 소리, 즉 사인 곡선이라고 할 수 있다.

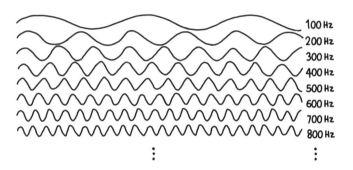

그런데 '아'라는 모음은 이러한 성대에서 만들어진 사인 곡선들의 조합 소리를 '아'의 입 모양으로 다듬은 소리라고 했다. 이제 다음 페이지의 그림을 보자. 이때 다듬는 방식 또한 원리가 있다. 위의 성대에서의 사인 곡선들은 입 모양의 필터를 통해 아래에서 그 다듬어진 결과를 보여준다(121쪽 상단 그림 참조). 그림에서 볼 수 있듯이, 사인 곡선들의 주파수(100Hz, 200Hz, 300Hz 등)는 그대로 유지되고 있다. 즉, 기존의 사인 곡선이 사라지거나 새로운 사인 곡선이 생기지는 않는다. 다만 성대 소리의 사인 곡선들의 진폭(강도)만 달라진다. 다시 말해, 어떤 사인 곡선은 강하게, 어떤 사인 곡선은 약하게 함으로써 '아' 모음도 '이' 모음도 만들 수 있다.

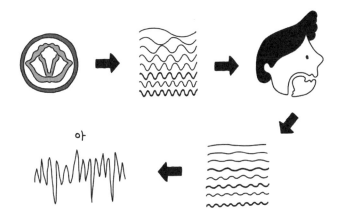

다음 아래의 그림에서 보듯이, 이러한 분석을 수학적으로 가능하게 하는 것이 푸리에 분석(더 정확히는 푸리에 급수)이다. 공식의 타원 부분에서 다양한 주파수의 코사인 곡선(사인 곡선

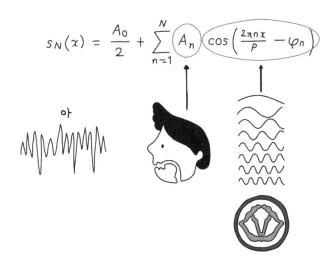

과 다르지 않음)을 만들어낸다. 이것은 앞의 그림처럼 성대 소리
에 해당한다. 공식에서 작은 원 부분의 A는 각각의 사인 곡
선들의 강도를 크거나 작게 하는 수치로서 특정 입 모양이
하는 역할을 반영한다.

　이렇듯 푸리에 분석은 소리뿐 아니라 모든 가능한 신호의
분석에 전방위적으로 이용되고 있다. 신호에서 더 이상 쪼갤
수 없는 최소 단위인 사인 곡선은 물리학에서도 가장 단순한
운동의 원리다. 힘을 가속도로 설명하는 뉴턴의 운동 법칙과
힘을 용수철의 늘어난 길이로 설명하는 후크 법칙으로부터
사인 곡선과 같은 움직임을 만들어낼 수 있다. 이때 스프링
의 탄성은 사인 곡선의 주파수와 관련이 있다. [위키피디아 '조
화 진동자(harmonic oscillator)' 참조]

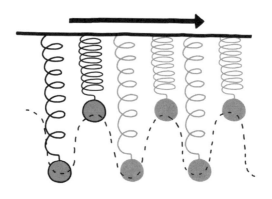

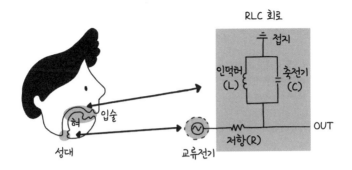

사인 곡선은 마이클 패러데이의 전자기 유도에서도 등장한다. 자석 두 개를 놓고 코일을 감아 돌려 전기의 사인 곡선을 만들 수 있는데 이것이 교류 발전의 원리다. 이 발전기를 돌리는 속도에 따라 다양한 주파수의 사인 곡선을 만들어낼 수 있다. 이때 발전기가 만들어내는 교류 전기와 인간의 성대에서 만드는 사인 곡선은 매우 유사하다. 위의 전기회로에서처럼 특정 주파수의 사인 곡선의 교류 전기는 적절히 배치된 코일(coil), 축전기(capacitor), 저항(resister)을 통해 그 강도를 조절할 수 있다. 따라서 인간의 조음 원리 또한 전기회로를 이용해 그대로 시뮬레이션할 수 있음을 알 수 있다.

이처럼 우리가 날마다 쓰는 '말'에 융합된 분야가 얼마나 많은지 짐작이 가는가? 잠깐씩 언급한 분야만 해도 언어학부터 화학, 인지과학, 해부학, 음향물리학, 운동물리학, 수학, 전기 이론, 회로 이론 등 어마어마하게 다양한 분야들이 융합되어 있다. 처음부터 이 모든 분야를 함께 공부하고자 했다면 나 역시 시작도 못 했을 것이다. 음성학이 다양한 분야와 밀접하게 연계되어 있음을 깨닫고, 하나둘씩 지식을 확장해 나간 것이 오늘날의 융합형 인간으로 살아갈 수 있는 기반이 되었다. 그리고 이러한 경험들이 쌓여 수학이야말로 여러 학문 융합의 기초가 된다는 것을 자신 있게 말할 수 있는 근거가 되었다.

알파고를 탄생시킨 딥마인드의 창업주 역시 전공이 4개였다고 한다. 인지과학, 수학, 물리학 등 이 사람이야말로 다양한 분야를 조금씩 경험한 융합형 인재로서, 그 머릿속에서 지식들이 연결되고 더해져서 오늘날의 인공지능 기술을 선도하는 인재가 된 것이 아닐까? 물론 그 속에 기반이 된 수학이야말로 다양한 분야의 지식을 화학적으로 융합하는 촉매 역할을 했다고 믿는다. 지금은 여러 우물을 파야 할 때다. 그리고 수학은 진정한 융합의 기초다.

인문학이 위기라고 하는 지금, 나는 이 위기의 해법을 바이오 분야에서 들려오는 융합에 관한 목소리에서 찾아보려

한다. 4차 산업혁명의 가장 큰 수혜는 바이오 분야라 해도 과언이 아닐 정도로 많은 자본과 인력이 집중되고 있다. 하지만 그 내부의 실상을 들여다보면 반드시 그렇지만은 않다. 바이오라고 하면 무엇이 떠오르는가? 생물, 유전과 관련된 분야라는 생각에 전통적인 실험실, 시약, 현미경 같은 그림들이 가장 먼저 떠오를 것이다. 지금도 마찬가지다. 많은 과학자가 그 열악한 실험실에서 인류의 더 나은 미래를 위해 그야말로 자신들의 인생을 바치고 있다.

특히나 요즘 들어 자본이 더 집중되다 보니 너무 많은 사람이 몰리고, 그 결과 신진 연구자는 많은 반면 경쟁은 더욱 심해져 고용의 안정성은 그다지 높지 못하다. 밤낮으로 실험실의 동식물들과 함께하는 동안 연구원들의 생활 리듬은 무너진 지 오래고, 현미경을 들여다보는 생활로 목 디스크 역시 이들을 괴롭히는 만성 질환이 되어 있다. 이 분야 또한 학계로 나아가 후학을 양성하는 것이 많은 연구자의 꿈이기에 오늘도 〈CNS(Cell, Nature, Science)〉에 논문을 내는 것을 목표로 불철주야 매진하고 있지만, 논문 하나 내는 데 길게는 2~3년까지 끝이 보이지 않는 싸움을 해야 한다. 여기에 더 큰 문제는 보통 교수직에 지원하려면 최근 몇 년 내에 출판

된 것만 인정받을 수 있다는 것. 그렇기에 사명과 소명 없이 하기엔 정말로 힘든 분야라 할 수 있다.

그런데 그런 이들에게 최근에 더 큰 좌절감을 안겨주는 일이 하나 더 생겼다. 바로 AI와 데이터과학이다. 학술 잡지 〈CNS〉는 그들에겐 꿈의 무대와도 같은 것인데, 어느 날부턴 가 바이오 분야 쪽에 갑자기 AI가 들어와 잡지의 표지를 장식하게 된 것이다. 바이오를 전공한 사람이 아닌 컴퓨터과학 이나 전기·전자 분야 쪽 사람들이 너도나도 바이오 이야기를 하고 있다. 그러고는 세상의 모든 스포트라이트를 받아버린 다. 이러한 이유로 어떤 실험실 연구자들은 AI 연구자들과 데 이터과학자들의 바이오 연구를 애써 평가절하하기도 한다.

하지만 많은 실험실 연구자들이 이에 대해 자성의 목소리 를 높이고 있다. AI와 데이터과학이 정체되어 있던 바이오의 수준을 한 단계 높였다고 말이다. 지금까지 wet(실험실) 연구 에만 두었던 가치를 dry(컴퓨터) 연구와의 융합으로 더 적극 적으로 확장해야 하고, 학생 수준에서 더 활발한 융합 교육 을 해나가야 한다고 한목소리로 말하고 있다. 이 얼마나 바 람직한 일인가?

그래서일까? 인문학에서도 요즘 '디지털 인문학'이라는 새로운 방향을 모색하고 있다. 기존 연구가 갖고 있는 대체될 수 없는 통찰력과 수학과 코딩 같은 새로운 기술력이 제대로만 융합된다면, 위기가 아니라 오히려 인공지능의 주인으로 인문학이 새시대를 선도할 수 있다고 확신한다.

◦ 4 ◦
수학 교육,
무엇이 문제일까

영문과 교수가 수학과 코딩을 가르친다는 소문이 나다 보니 여기저기 강의할 기회가 무척 많아졌다. 국회를 비롯해 교육계, 학교, 기업 등을 다니며 언어 AI 기술 연구에 대해 이야기하면서 내가 빼놓지 않고 강조하는 것은 바로 수학의 필요성이다. 그러다 보니 여기저기서 아우성이다.

"교수님, 수학을 꼭 알아야 하나요?"

어딜 가나 꼭 이 질문을 듣는다. 이 말에는 여러 가지 의미가 담겨 있을 것이다. 수학 관련한 일이나 공부를 하지 않는 이들에겐 '쳐다보고 싶지도 않은 수학을 다시 배우라고?' 하는 불편한 마음이 들 것이다. 한창 수포자의 길을 가고 있거나 수포자의 길을 갈 생각(?)이던 학생들에겐 너무도 무거운 돌덩이가 얹히나 보다. 물론 모르는 바는 아니다. 나도 그랬고, 우리 남즈 동료들도 대부분 비슷한 과정을 거치면서 문과를 선택했고 다들 비슷한 심정이었으니까.

그리고 보면 근본적인 질문을 안 할 수가 없다. 오랜 역사를 거쳐 존재해온 수학, 이토록 필요성이 대두되는 수학인데 왜, 오랫동안, 지속적으로, 대다수의 사람이 수학을 싫어하게 되었을까? 이유는 하나다. 수학이 어렵기 때문이다. 정확히 말해 어려운 수학을 가르치고 있기 때문이다. 솔직히 수학이 쉬운 학문이라고 말하지는 못하겠다. 인류가 발전해오는 과정에서 수학은 오랜 시간 인간의 삶과 생활의 질을 높이는 학문으로 자리 잡아왔다. 자연의 현상을 이해하고 과학 발전의 토대가 되는 수학이기에 그 깊이는 상당할 수밖에 없다. 하지만 그것과는 별개로 학령기에 배우고 접하는 수학은 지나치게 어렵다.

중학교 시절, 그러니까 수학을 포기하기 전으로 돌아가 보면 내게도 수학 성적은 꽤 중요했다. 성적을 잘 받아보겠다고 많은 문제를 머리를 싸매며 풀었던 기억이 난다. 그때의 나는 '문제가 이기나, 내가 이기나 해보자' 하는 마음으로 씨름하듯 수학 문제를 풀어댔다. 주어진 시간 내에 답을 찾아내야 한다는 생각에 왜 그런 공식에 그런 숫자를 대입하는지도 모른 채 기계적으로 풀기만 했고, 전투적인 시험이 끝나고 나면 그야말로 녹다운이 됐다. 뭔가를 새롭게 알아간다는 기쁨은 사치일 뿐, 맞으면 다행이고 틀리면 좌절이었다.

지금은 어떤가. 지금의 나는 그때보다 훨씬 더 오래, 많이 수학을 공부한다. 하루 두세 시간은 수학 관련 공부를 하고 자료를 찾는 데 시간을 보내는데, 그렇다면 나는 과연 수학 성적이 좋을까? 전혀 그렇지 않다. 전국 수험생들을 공포로 몰아넣는 대학수학능력시험의 수학 시험지를 만약 나에게 들이민다면, 모르긴 해도 20~30점 정도밖에는 안 나오지 않을까 싶다. 수학을 공부하고 가르친다면서 처참한 수학 성적이 말이 되느냐고 놀라는 이들도 있겠지만, 상관없다. 지금 대한민국에서 학생들에게 가르치고 있는 수학, 아니 수학이라는 프레임을 쓰고 있지만 괴물같이 변형된 지금의 수학을 옹호하고 싶은 생각이 없기 때문이다.

보다 많은 사람이 수학을 포기하지 말고 공부해야 한다고 강조하는 사람으로서, 수학을 아끼고 사랑하는 마음으로 조금 쓴소리를 해야겠다. 지금 우리나라에서 가르치는 수학은 너무도 어렵고 방대하다. 교육 강국, 교육열이라는 타이틀에 매몰되어 어떻게 하면 더 어렵고 복잡한 수학을 풀 수 있을지 열중하다 보니 이상하게 변해가고 있다.

다음은 어떤 고등학교 중간고사에 나온 수학 문제다.

중심이 c이고 반지름의 길이가 2인 원 O 위에 한 점 A가 있다. 점 A를 중심으로 하고 반지름의 길이가 r인 원이 원 O와 만나는 점을 각각 P, Q라 하고 원 O의 지름 AB와 만나는 점을 점 R이라 하자. 삼각형 APR의 넓이를 S(r)이라 할 때 다음을 구하는 과정을 서술하라.

$$\lim_{r \to 4} \frac{S(r)}{\sqrt{4-r}} \ (\text{단}, 0 < r < 4)$$

아마도 문제만 보고 "포기!"를 외치는 이들이 속출하리라 본다. 나도 못 푼다. 설명을 보고도 모르겠다. 그런데 이것을 고등학생한테 5분 안에 풀도록 강요한다. 그것도 정확한 풀이 과정을 쓰고 올바른 답을 구해야 점수를 얻는다. 당연히 유사한 문제를 많이 외우다 보면 그 속에 패턴이 생길 테고 훈련이 잘되어 있는 학생들은 분명 답을 맞힐 것이다. 그런데 왜 해야 하지? 이런 의문이 저절로 생길만도 하다.

물론, 이 고된 과정을 버텨낸 학생들이 머리도 좋고 인내심도 높고 자기 관리도 잘할 가능성이 크다. 하지만 어린 학생들에게 너무 가혹하지 않나? 공정을 앞세워 변별력이란 절대 선으로 이렇게 해도 되나? 이 기준에 통과하지 못한, 또는 비켜 간 수많은 진주들은 그냥 버려도 되는가? 변별력이 낮은 수학 문제가 하향 평준화를 가져온다며 우려하는 시각과 걱정도 많은 것으로 안다. 하지만 이런 문제를 풀면 우리나라가 전체적으로 수학 강국, 과학 대국이 되나? 오히려 되묻고 싶다.

과연 이 문제만 이럴까? 아니다. 갈수록 수학 문제는 점점 어려워지고 학생들은 머리를 쥐어뜯는다. 결국 풀어내지 못하고는 자괴감에 빠져서 "수학 포기!"를 외친다. 좀 더 진보적인 학생들은 "아니, 이런 쓸데없는 걸 왜 배우는지 모르겠어!"라고 말한다. 이래저래 지향점은 하나다. 수학이라는 어려운 산을 결코 넘지 못할 것 같다고 지레짐작하고 단언해버린다. 내가 어릴 때 그랬듯이. 하지만 다시 한번 생각해보자. 이토록 어려운 수학을 모두가 배울 필요가 있을까?

교육 강국이라 불리는 다른 나라에서도 수학이 이 정도로 어렵지는 않다. 미국 역시 우리나라보다 수학이 쉽다. 미국 수능인 SAT 시험에는 우리나라 고1 수준의 수학 문제가 출제된다. 아이큐(IQ) 테스트하듯 문제를 내기 때문에 모두가 접근할 수 있고 풀 수 있다. 반면 그 시험에 비해 우리나라 수학 시험은 너무 어렵다. 어렵다는 말보단 괴이하다는 말이 더 정확한 표현인 듯싶다. 앞에서 살펴본 시험문제 예시만 하더라도 어마어마하지 않은가. 변별력 때문이라는 말로도 변명이 안 되는 것이 어려운 수학을 추구하다가 그 결과 수포자만 숱하게 양산해낸 것이 지금의 현실이기 때문이다.

사실 수학 교육이 이렇게 된 이유는 수학 교육을 '수학자'가 맡고 있기 때문이라고 생각한다. 이게 무슨 소리인가 싶을 것이다. 어느 나라든 수학 교재, 수학 교수법, 수학 교사 양성 등 모든 수학과 관련되는 정책은 수학과와 수학교육학과에서 맡고 있다. 즉 수학자들이 그 역할을 하고 있다. 그런데 수학자들은 말 그대로 수학을 하는 학자다. 하나의 문제를 내고 그것을 증명 등으로 풀어내는 연구와 역할을 하는 것이 그들의 지상 과제다. 그렇기에 수학이 어떻게 이용되는 지에는 크게 관심이 없다. 왜냐하면 그냥 수학 이론 자체로 오롯이 충분히 중요하다고 믿으니까. 수학이 어떤 분야에 어떻게 응용될 수 있고 어떻게 실제 데이터와 연계할 수 있는 지는 크게 관심도 없고 잘 모른다. 오히려 그런 관심을 불순하게 생각하기도 한다.

그래서 그런지 초·중·고등학교 수학 교과서를 보면 모두 수학자를 양성하는 정규 과정의 일부처럼 보인다. 우리나라의 모든 사람이 의무교육으로 수학자의 길을 밟아 가고 있는 셈이나 다름없다. 어떻게든 수학에 흥미를 잃지 않도록 해도 모자랄 판에, 수학자의 길이 웬 말인가? 수학자의 길과 수학으로 먹고살 사람들의 길은 다르다고 본다. 다른 것은 다르게 가르쳐야 한다. 하지만 지금의 현실은 어떠한가? 무엇을 넣고 빼든 그 교육과정은 여전히 수학자의 길이다.

지금까지 여러 번 전국의 고등학교를 돌며 인공지능과 데이터, 수학과 융합 교육에 대한 강의를 진행했다. 갈 때마다 수학 선생님들과 대화할 기회를 갖곤 한다. 그런데 인공지능 시대의 주인으로서 목청을 높여야 할 것 같은 수학 선생님들이 오히려 기가 죽고 풀이 죽어 있다. 대부분의 수학 선생님들은 행렬, 벡터, 미분, 확률이 인공지능에서 어떻게 이용되고 있는지 잘 모른다. 이에 대한 이해도가 상상할 수 없을 정도로 낮다. 오히려 수학을 코딩과 결합해 빅데이터와 인공지능에 대해 더 재미있게 가르칠 것 같은데, 코딩을 할 줄 아는 수학 선생님이 없단다. 너무 안타까운 현실이지만, 이를 비난할 수 없는 것 또한 사실이다. 그분들도 대학 때 수학과와 수학교육과를 다니면서 그런 것을 배운 적이 없기 때문이다. 수학을 융합 학문으로 엮어서 바라보는 공부를 해보지 못했기 때문이다. 인공지능뿐 아니라 다양한 공학의 분야에서 이미 수학은 이용돼왔지만, 실제로 수학을 전공한 많은 교육자들은 그런 교육을 받지 못한 것 같다.

아마도 수학자들은 수학은 수학 그 자체로 오롯이 중요한 학문이니, 다른 불순물 없이 가르쳐야 제대로 된 수학을 가르치는 것으로 생각하는가 보다. 어쩌면 고등학교에서 행렬이 로보틱스와 인공 신경망의 한가운데에 자리 잡고 있음을 설명하는 것이 오히려 수학의 질을 떨어뜨리는 일이라고 생각할지도 모른다. 미분이 기계가 인공지능을 갖도록 학습시키는 필수임을 가르치는 게 수학의 기본을 짓밟는 행위라고 생각할지도 모른다. 모든 데이터는 벡터로 표현되며 데이터

간의 관계가 벡터 공간에서 서로 인접함으로 설명하는 것이 수학의 정통성을 어기는 것으로 생각할지도 모른다. 이런 것들을 코딩으로 멋지게 구현해서 함께 체험해보는 것은 더 이상 수학이 아니라고 생각할지도 모른다.

현재의 수학 교육은 '수학자'들에게 점령당해 있지만, 우리 학생들은 학문적 수학을 더 이상 강요받지 말아야 한다. 수학을 잘 써먹어서 취직을 하고 먹고살아야 할 미래의 인재들이기 때문이다. 이 엄연한 괴리를 인정하고 줄이자. 수학은 수학을 써먹어본 사람들이 책을 쓰고 학생을 가르치는 게 맞다. 그래야 필요한 것만 가르치고 쓸데없는 데 시간 보내지 않을 것이고, 왜 필요한지를 제대로 전달할 수 있을 것이다. 하루에도 여러 번 듣게 되는 인공지능이 사실은 중·고등학교에서 배운 수학의 개념들에 불과하다는 것을 알게 될 때, 적지 않은 학생들은 여태껏 배웠던 복잡하고 어렵기만 한 수학에 배신감을 가질지도 모른다는 생각이 든다. 동시에 앞으로 배우고자 하는 수학에 대한 동기부여의 감정을 갖게 될 수 있을 것이다.

수학 올림픽에서 문제 풀이 왕을 배출하는 것이 수학 선진국으로 가는 길이라는 헛된 신화에서 벗어나 철저히 필요에 따라 가르치고 배우는 수학으로 거듭나야 한다. 우리나라가 인공지능 분야에서 절대 선진국일 수 없는 근본적 이유를 수학 교육을 통해서도 찾아봤으면 좋겠다.

PART 4

우리가 미처 몰랐던
수학과 화해하기

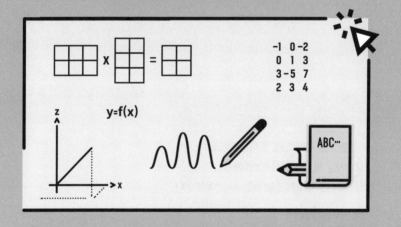

현상은 복잡하고, 법칙은 단순하다.
버릴 게 무엇인지 알아내라.
핵심을 잡으려면 잘 버릴 수 있어야 한다.

리처드 파인만

진입 장벽의
실체를 마주하자

이제 본격적으로 4차 산업혁명 시대에 필요한 진짜 수학 공부를 어떻게 시작해야 할지 이야기해보려고 한다. 수학이 왜 중요하고 필요한지 알아보았으니, 이제는 어떻게 하면 수학을 좋아할 수 있는지, 어떻게 하면 뒤늦게라도 수학 머리를 만들 수 있을지 그 방법을 찾아보려는 것이다. 어쩌면 이는 '수학을 대하는 태도'와도 밀접한 관련이 있다. 우리가 그저 어렵게만 생각하고 회피했던 수학을 다시 새롭게 배우고자 할 때, 어떤 마인드와 시각을 가져야 하는지에 대한 대안을 발견할 수 있을 것이다.

그러기 위해서는 먼저 문과생들이 느끼는 수학에 대한 진입 장벽의 실체부터 들여다봐야 한다고 생각한다. 다들 수학이 어렵다 어렵다 하는데, 도대체 무엇이 얼마나 어려운지, 배우고자 하는데도 어쩔 수 없이 느끼게 되는 그 진입 장벽을 정면으로 마주해보자. 그 실체를 있는 그대로 보다 보면 내가 왜 수학을 회피하고 싫어했는지 더 구체적으로 알 수 있을 것이기 때문이다. 또한 이렇게 함으로써 가르치는 사람도 학생들이 어디에서 포기하고 싶은 감정이 생기는지 그 거부감의 지뢰밭을 들여다볼 수 있게 될 것이다.

선형대수는 인공지능 및 데이터과학에서 가장 중요한 수학 분야 중 하나다. 벡터(vector), 변환(transformation)행렬, 행렬식, 역행렬, 고유값, 고유벡터, 영공간 등의 중요 개념 등을 알아야 한다. 누군가가 지금부터라도 수학을 다시 배우고 싶다고 이야기한다면, 나는 서슴없이 벡터부터 가르칠 것이다. 벡터는 인공지능 시대에 데이터를 표현하는 방법이기 때문이다. 모든 데이터는 벡터화되어야 된다. 그래서 이 벡터의 개념을 예로 들어보고자 한다.

문과 출신의 남주는 데이터 세상에서 오늘부터 수학을 제대로 공부해야겠다는 생각으로 벅찬 하루를 시작했다. 먼저 컴퓨터 앞에 앉아 구글 검색을 시작했다. 벡터. 가장 먼저 걸리는 게 위키백과다. '좋아, 위키백과니까 나같이 처음 접하는 사람도 알기 쉽게 설명이 되어 있겠지?' 하는 마음으로 컴퓨터 화면을 본다. 아래와 같은 설명이 나온다. 그림과 함께.

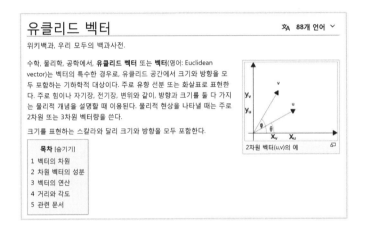

남주는 '포기하지 말고 집중해서 보자' 하는 마음으로 찬찬히 읽어가기 시작한다, 첫 줄부터.

"'수학, 물리학, 공학에서, 유클리드 벡터 또는 벡터는……' 그런데 유클리드는 뭐지? 음, 그냥 넘어가자, 일단. '벡터의 특수한 경우로……' 엥, 이게 무슨 말이지? 이것도 일단 넘어가자. '유클리드 공간에서 크기와 방향을 모두 포함하는 기하학적 대상이다.' 앗, 공간이면 공간이지 유클리드 공간은 뭘까?"

남주는 가만히 곱씹어본다. 크기, 방향, 기하학, 대상……
가만 보면 모르는 단어는 없는 것 같은데 이해하기가 힘들
다 보니 약간 주춤한다. 오른쪽 그림을 살짝 본다. 혹시 도움
이 될까 하고. "2차원 벡터(u, v)의 예"란다. 여기서 또 질문이
시작된다.

"차원이 뭐지? 그리고 (u, v)라는 게 2차원 벡터인가? 아니
면 u, v 각각이 2차원 벡터라는 건가? 화살표 2개 각각을 u,
v라고 하는데, 각도는 왜 그려놨으며 x_v, x_u, y_v, y_u는 또 뭘 말
하는 건지. 하……."

갑자기 막막해지지만, 그래도 조금 더 읽어보기로 한다.

"'주로 유향 선분 또는 화살표로 표현한다.' 유향은 뭐지?
'주로 힘이나, 자기장, 전기장, 변위와 같이, 방향과 크기를
둘 다 가지는 물리적 개념을 설명할 때 이용된다.' 그런가 보
다. 그런데 자기장, 전기장, 변위…… 이건 또 뭘까? '물리적

벡터의 차원 [편집]

스칼라량은 단지 하나의 '크기'만을 표현할 수 있지만, 벡터는 방향과 크기를 모두 표현할 수 있다. x축의 단위벡터인 e_1방향과 y축의 단위벡터인 e_2방향과 각각의 크기인 a, b를 나타내는 2차원 벡터 (a, b) 와, 여기에 z축의 단위벡터인 e_3과 크기인 c를 나타내면 3차원 벡터 (a, b, c)를 표현할 수 있다. 이와 같이 이론적으로는 n차원 벡터를 표현하는 것이 가능하지만, 물리학이나 화학 등 실제 자연현상에 대해 배우는 학문에서는 2차원 벡터와 3차원 벡터로 충분하다.

차원 벡터의 성분 [편집]

n차원 벡터에서의 성분의 표기 2차원 벡터의 성분 (a, b)가 A일때

$$\vec{A} = <a, b>$$

3차원 벡터의 성분 (a, b, c)가 단위벡터에서 원점(O)으로부터 A일때

$$\overrightarrow{OA} = <a, b, c>$$

영벡터

$$\vec{0} = <0, 0, 0>$$

거리와 각도 [편집]

$$\left|\vec{A}\right| = (a, b, c) = \sqrt{a^2 + b^2 + c^2}$$

두 벡터의 사이각

$$\vec{A} \cdot \vec{B} = \left|\vec{A}\right|\left|\vec{B}\right|\cos\theta$$

따라서

$$\frac{\vec{A} \cdot \vec{B}}{\left|\vec{A}\right|\left|\vec{B}\right|} = \cos\theta$$

벡터의 연산 [편집]

벡터의 덧셈과 뺄셈은, 일반적으로 삼각형법과 평행사변형법이 있다.

삼각형법은 일반적으로 꼬리 물기라고 하며, 한 벡터의 종점과 나머지 벡터의 시점이 일치하는 두 벡터가 있을 때, 이 두 벡터의 합은 일치하는 점이 아닌 시점에서 종점까지를 이은 벡터와 같다. 뺄셈 또한 이항해서 다음과 같은 식이 성립된다.

- $\overrightarrow{AB} + \overrightarrow{BC} = \overrightarrow{AC}$
- $\overrightarrow{BC} = \overrightarrow{AC} - \overrightarrow{AB}$

평행사변형법은 두 벡터와 각각 평행한 벡터를 만들어 평행사변형을 그리고, 원래의 두 벡터와의 만나는 점을 시점으로 평행사변형의 대각선을 끝까지 이은 벡터가 이 두 벡터의 합과 같다.

- 원래의 두 벡터 $\overrightarrow{OA}, \overrightarrow{OB}$와 각각의 벡터와 크기와 모양이 같은 새로운 두 벡터인 $\overrightarrow{BC}, \overrightarrow{CD}$를 만들어 평행사변형을 이룰 때, 대각선인 $\overrightarrow{OD}$ 벡터가 이 두 벡터의 합이다.
- $\overrightarrow{OA} + \overrightarrow{OB} = \overrightarrow{OD}$

현상을 나타낼 때는 주로 2차원 또는 3차원 벡터량을 쓴다'
2차원, 3차원은 무슨 뜻일까? '크기를 표현하는 스칼라와 달리 크기와 방향을 모두 포함한다.' 엥, 스칼라는 뭐지?"

남주는 갈수록 뭐가 뭔지 도무지 모르겠다. 점점 더 혼동 속으로 빠진다.

이처럼 정의만 읽고도 남주는 벌써 암울해진다. 그다음에 나와 있는 벡터의 차원, 차원 벡터의 성분, 거리와 각도, 벡터의 연산 부분을 읽으면서 더더욱 절망감에 휩싸인다. '역시 나는 수학 머리가 없나 봐'라거나 '역시 나는 수학 적성이 아닌가 봐'라는 확신만 갖게 될 뿐이다. 이렇게 남주는 자신을 수학에 적성이 없는 사람으로 결론짓고 만다. 많은 수포자들이 이와 비슷한 과정으로 수학에 백기를 든다. 하지만 과연 이게 맞는 걸까?

다시 수학을 시작하기로 결심했다면 쉽게 가보자. 완벽하기 위한 많은 용어와 수식 들을 없애고 쉬운 설명을 통해 진입 장벽의 문턱을 낮추는 것부터 시도해보자. 빈틈이 있어도 좋다. 좀 틀려도 좋다. 좀 몰라도 좋다. 이런 가벼운 마음으로 다시 벡터를 이야기해보자.

◦ 2 ◦

보이는 수학으로
시각화하자

벡터는 숫자열이다. 이때 "1, 0, -2, 이런 숫자열 말인가요?"라고 질문할 수 있을 것이다. 그렇다. "엥? 끝인가요?" 하겠지만 끝이다. 더 할 이야기가 많지만, 일단 이것만 알면 된다. 더 알아야 할 게 많지만, 말을 아끼자. 헷갈리게 하지 말자. 여기까지 못 알아들을 사람은 없으리라고 본다.

그렇다면 이제 벡터로 나타낼 수 있는 예를 하나 들어보자. 남주는 이번 기말시험에서 영어와 수학 성적이 각각 70점, 45점이었다. 70, 45. 이 숫자열이 바로 벡터다. "그걸 가지고 뭘 할 수 있어요?"라는 질문이 뒤따르겠지만, 실은 이 벡터 표현은 엄청남 파워를 가지고 있고 인공지능의 시작이 된다.

그렇다면, 이제 $[70, 45]$ 벡터를 시각화해보자.

"시각화라면 어떻게 할 수 있나요?"

"xy 좌표축 알지? 2차원 여기에다 x70, y45의 지점을 찍
어봐. 한 점이 찍히지? 이게 벡터의 시각화야. x가 영어, y가
수학이 되겠지?"

잘 보이게 하기 위해 원점에서 화살표로 표시도 해보자.

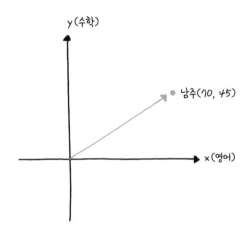

여기에 영어, 수학 점수 말고 국어 점수도 함께 표현해보면

어떨까? 남주의 국어 성적은 60점이다. 영어, 수학, 국어순으로 벡터로 나타내면 [70, 45, 60]이 되고, 이것이 남주의 영수국 성적의 벡터인 셈이다. 그렇다면 이것도 시각화해보자.

"아까와 달리 xyz 3차원 좌표축을 상상해봐. 거기에다 x70, y45, z60인 한 점을 찍을 수 있지?"

그게 바로 이 숫자 3개짜리 벡터의 시각화다.

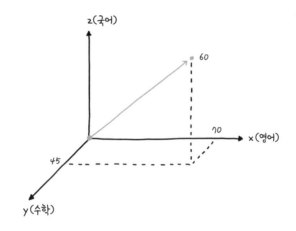

그리고 보니 숫자 2개짜리 영수 벡터는 2차원 평면에다 한 점을 찍었고, 숫자 3개짜리 영수국 벡터는 3차원 공간에

다 한 점을 찍었다. 만약 남주의 성적 중 과학을 포함한 숫자 4개짜리 벡터를 시각화한다면 4차원상의 한 점이 될 것이다. 물론, 4차원을 시각화하는 것은 불가능하지만 상상은 해볼 수 있다.

이렇듯 벡터는 몇 개짜리 숫자들일 뿐이다. 그리고 그것을 시각화하면 그 숫자 개수만큼의 차원에서 한 점으로 표현된다. 여기까지 이해하는 데는 전혀 무리가 없을 것이다. 하지만 이때 '한 점'이란 말은 너무도 중요하다. 벡터는 해당 차원에서의 한 점이다. 100만 개의 숫자열 벡터도 결국 한 점인 셈이다, 100만 차원에서. 이 말의 의미를 깨달았을 때가 내가 수학을 배우면서 가장 큰 전율을 느꼈던 순간이었다.

이처럼 쉬운 수학이란 어떤 개념을 눈으로, 또는 머릿속으로 그려볼 수 있을 때 가능해진다. 그래서 수학을 공부할 때 '보이는 수학'으로 접근하는 노력을 기울여보길 추천한다. 감히 말하건대 눈으로 표현할 수 없는 수학은 없다고 생각한다. 이렇게 어떤 개념을 시각화해서 생각하는 건 이해가 쉽고 오래 간다. 그리고 그 개념이 담고 있는 여러 가지 다른 의미들을 동시에 포착할 수 있다. 이것이 바로 수학과 코딩의 결합, 그 시작이다.

◦ 3 ◦

말하는 수학으로
접근하자

✎〰〰 다시 벡터 이야기로 가보자. 일단 생각하기 편한 영수 벡터로만 다시 국한하자. 세 명의 학생, 남주, 미진, 훈이의 영수 벡터를 가지고 있다고 하자. 벡터라는 말이 거창할 뿐이지, 이는 세 명의 영어, 수학 점수다. 남주는 $(70, 45)$, 미진은 $(80, 30)$, 훈이는 $(20, 70)$이다. 앞서 했듯이, 남주, 미진, 훈이의 영수 벡터를 xy 좌표에다 찍어보자. 세 점을 찍을 수 있을 것이다.

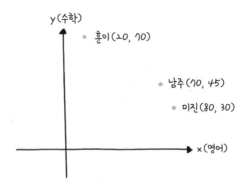

여기서 질문 하나를 던질 수 있다. 기말고사에서 남주는 미진, 훈이 중 누구랑 더 비슷한 점수를 받았을까?

'어, 어떻게 하지?'라는 생각이 든다면, 조금 전 xy에 찍은 두 점을 떠올려보자. 남주의 점이 누구의 점과 더 가까운지 각각 재보면 된다. 남주는 미진과의 거리(회색)가 훈이와의 거리(파란색)보다 가깝다. 즉, 남주는 기말고사에서 훈이보다 미진과 더 비슷한 성적을 받았다고 할 수 있다.

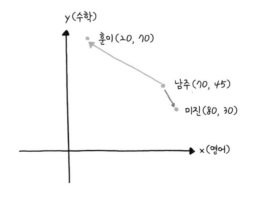

이때 점(벡터)들 간의 거리는 직선으로 연결될 수 있고, 그 거리를 유클리드 거리(Euclidean distance)라고 한다. 여기서 중요한 것은 바로 이거다. 벡터의 숫자 개수가 늘어나면서 차원이 늘어나서 3차원이 되든, 4차원이 되든, 100차원이 되든, 두 점(벡터)은 늘 직선으로 연결된다는 것이다. 그리고 그 거리는 쉽게 잴 수 있다. 이때 수식은 필요하면 찾아서 쓰면 된다(위키백과 참조).

$$d(p, q) = \sqrt{\sum_{i=1}^{n} (q_i - p_i)^2}$$

그러니까 더 이상 수식 때문에 겁먹지 말자. 일단 개념을 우리말로 이야기할 수 있으면 된다. 나중에 수식을 이해하다 보면 결국 우리말로 이야기한 그 부분임을 알게 될 것이다. 그러니 굳이 외계어 같은 수식을 머리에 담아두려 애쓸 이유가 없다. 이해에도, 기억에도 도움이 안 된다. 리처드 파인만처럼 수학을 모르는 친구에게 '외계어'가 아닌 '우리말'로 이 개념을 설명해보자.

자, 지금까지 남주의 점수가 다른 두 학생 중 누구와 비슷한지 벡터 간의 거리(유클리드 거리)를 재봄으로써 알아보았다.

그런데 다른 방법도 있다. 각도를 이용할 수 있다. 무슨 각도? 먼저 원점을 떠올리자. 그리고 그 원점과 남주 벡터를 연결해보자. 다음으로는 원점과 미진 벡터를 연결해보자. 남주-원점-미진 사이에 각도(회색)가 생겼음을 알 수 있다. 마찬가지로 남주-원점-훈이가 이루는 각도(파란색)도 만들 수 있다. 이때 회색 각도가 파란색 각도보다 더 작다. 두 점(벡터) 사이의 각도가 작으면 작을수록 '더 가깝다' 또는 '유사하다'라고 할 수 있다. 즉, 남주는 미진과 훈이 중 미진과 더 가까운 각을 이루고, 그래서 미진과 더 유사하다고 말할 수 있다.

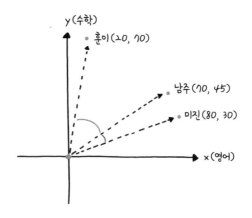

이렇듯 각도를 이용해서도 유사한 정도를 재는 방법을 코사인 유사도(cosine similarity)라고 한다(위키백과 참조). 이는 다

$$similarity = cos(\theta) = \frac{A \cdot B}{\|A\|\|B\|} = \frac{\sum\limits_{i=1}^{n} A_i B_i}{\sqrt{\sum\limits_{i=1}^{n} A_i^2} \sqrt{\sum\limits_{i=1}^{n} B_i^2}}$$

음의 위와 같은 공식으로 표현할 수 있다. 이때도 유클리드 거리와 마찬가지로 수식으로 이해하거나 암기하려고 하지 말고, 두 점(벡터)들 간의 각도를 재고 각도가 작을수록 더 유사하다는 당연한 말로 이해하고 기억하면 된다. 정확한 수치가 필요하면 그때 수식을 사용하면 된다. 복잡해 보이는 수식 따윈 개나 줘버리자. 물론 다 이해되는데 일부러 모른 척할 필요는 없겠지만. 그런데 아마도 이 수식을 다 이해하고 나면, 결국 위에서 이야기로 떠든 개념이라는 것을 알 수 있을 것이다.

이것만 기억하자. 각도가 0도가 되어 두 벡터가 포개질 때가 서로 가장 유사하다. 0도의 코사인은 얼마일까? 가물가물하지만 1이다. 그럼 코사인 90도는 몇일까? 0이다. 그렇다. 코사인 유사도는 1일 때 가장 유사하고, 0일 때 가장 안 유사하다. 즉, 한 벡터가 다른 벡터와 가장 비슷하지 않을 때는 두 벡터가 원점과 이루는 각이 90도일 때다.

예를 들어보자. 두 명의 학생 A, B가 있다. 이 둘의 영어,

수학 벡터를 만들어보자. 학생 A는 영어 80, 수학 0, 즉 영어를 잘하고 수학을 못한다. 학생 B는 영어 0, 수학 70, 즉 영어를 못하고 수학을 잘한다. 이것만 봐도 두 사람은 직관적으로 하나도 닮지 않았다. 그렇다면 확인해볼까? 아래 그림처럼 2차원 xy 평면에 A=[80, 0], B=[0, 70] 두 벡터 A, B를 찍어 보자. A와 B는 원점과 90도를 이룬다. 이렇게 두 벡터가 90도를 이룰 때, 두 벡터가 가장 유사하지 않다는 것을 알 수 있다.

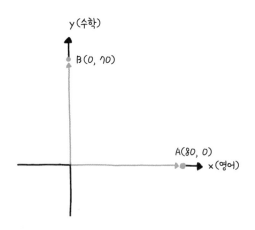

여기서 하나 더! 이때 두 벡터의 개별 값들끼리 곱해서 더하면 무조건 0이 된다. (80×0)+(0×70)=0. 아무리 긴 두 벡터도 개별 값들끼리 곱해서 더한 것이 0에 가까우면 두 벡터

의 유사도는 낮다고 할 수 있다. 이 개념은 너무 중요하기 때문에 반복해보자. 코사인 유사도는 $\cos(\theta)$, 즉 두 벡터 간의 각도(θ)의 코사인 값을 말한다. 90도의 코사인은 0이고, 0도의 코사인은 1이다. 즉 각도가 90도가 되면 0이 되어 두 벡터의 유사도가 최저가 되고, 각도가 0도가 되면 두 벡터가 일직선상에 놓이게 되어 유사도는 1로 최대가 된다.

이처럼 수학에서 중요한 정의는 분명하게 알고 익히되 공식이 아닌 개념으로 이해하고, 그것을 다시 말로 표현해보는 훈련을 해보길 권한다. 지금까지의 설명이 이해됐다면, 우리는 누구나 리처드 파인만이 될 수 있다.

。4。
쓸모 있는
수학으로 응용하자

이쯤 되면 누군가는 다음과 같이 물어볼 것이다.

"이런 걸 왜 알아야 하죠?"

앞 장에서 이야기했듯이 남주, 미진, 훈이 벡터는 각 학생에 대한 데이터를 나타내는 방법이다. 벡터로 표현함으로써 시각화할 수 있었고, 서로 간의 유사도를 거리와 각도로도 표현해봤다. 이 유사도를 이용하면 내가 누구와 더 유사한 성적 분포를 띠는지 알 수 있다.

남주가 예일고등학교 3학년인데, 학년 전체 인원은 300명이라고 가정해보자. 만약 전교생의 영어, 수학, 국어, 과학 점수를 앞에서와 같이 모두 벡터화한다면, 300개의 벡터가 4차원 공간에 알알이 점으로 찍힐 것이다. 여기서 누군가는 이렇게 질문할 수 있다.

"남주와 가장 유사한 성적 분포를 가진 학생은 누구일까? 그리고 두 번째는 누구일까?"

이것이 왜 필요한지 좀 더 실용적인 예를 들어보려 한다. 무슨 내용인지 모르는 글이 1만 개 정도 있다고 가정해보자. 내가 해야 할 일은 이 1만 개의 문서를 분류해서 의미 있는 몇 개로 나누는 작업이다. 먼저 각 문서를 어떤 식으로든 벡터(임베딩 벡터라고 함)로 만들 수 있다고 가정해보자.

만약 그 벡터가 3개의 수로 이루어진 벡터라 한다면, 이제 3차원의 공간에서 1만 개의 점(벡터)을 찍을 수 있을 것이다. 그리고 모든 문서의 벡터에 대해 서로의 유사도를 앞의 방법(거리, 각도)으로 재보았다. 그랬더니 5,000개가 서로 가까운 위치에 모여 있고, 또 다른 3,000개가 서로 가까이 있었

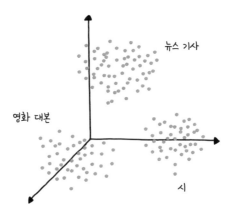

뉴스 기사

영화 대본

시

고, 나머지 2,000개가 서로 가까이 있었다. 그러면 우리는 첫 번째 5,000개를 A라는 한 부류, 두 번째 3,000개를 B라는 다른 한 부류, 나머지 2,000개를 C라는 또 한 부류로 나눠 이야기할 수 있을 것이다. 그리고 그 내용을 다시 보았더니 첫 번째 5,000개가 모인 A그룹은 대부분 뉴스 기사였고, 두 번째 3,000개가 모인 B그룹은 영화 대본이었고, 나머지 2,000개가 모인 C그룹은 시였음을 알 수 있었다.

아마도 1만 개의 문서를 일일이 다 읽어본 뒤에 글의 성격에 따라 내용을 분류하려 했다면, 엄청난 시간이 걸렸을 것이다. 문서 개수가 더 많았다면 더 많은 시간이 걸렸을 것이다. 이처럼 수작업으로 해야 할 일을 이러한 방법으로 벡터를 활용해 데이터화한 뒤 자동화하면 상당한 시간을 단축할 수 있다.

이러한 활용은 문서뿐 아니라 이미지 분류에도 적용 가능하다. 강아지와 고양이 사진을 1만 장 정도 찍었다고 하자. 이때 5,000장은 강아지 사진이고, 나머지 5,000장은 고양이 사진이다. 그런데 어떤 사진이 강아지인지 고양이인지 알 수가 없다. 1만 장을 일일이 보면서 수작업으로 구분해야 할 판이다. 마찬가지로 전체 사진의 수가 늘어나면 늘어날수록 수작업에 걸리는 시간도 더 늘어날 것이다.

이 경우도 앞에서 언급한 문서 분류와 마찬가지로 벡터화할 수만 있다면 쉽게 분류가 가능하다. 1만 장의 사진에 해당하는 1만 개의 점(벡터)을 찍고, 어떤 것들끼리 서로 가까운지를 통해 벡터의 거리나 각도를 이용해 조사할 수 있다. 만약 5,000 개의 벡터끼리 서로서로 모여 있고, 나머지 5,000개의 벡터가 따로 가까이 모여 있는 것으로 나온다면, 처음의 5,000개를 모두 같은 한 종류, 나머지 5,000개를 모두 같은 한 종류로 분류할 수 있다. 이러한 방법을 '군집(clustering)'이라고 한다.

이와 같이 실생활에서의 다양한 응용을 통해 수학의 원리를 동시에 익히는 방법을 고민해보고 또 적용해보자. 이것이 숫자로 가득한 복잡하고 어려운 수학이 아니라 쉽고 쓸모 있는 수학으로서의 새로운 가능성을 열어줄 것이다.

∘ 5 ∘
가르치지 않을
용기를 갖자

수학이 어느 때보다 중요해졌다. 기회가 되어 교육부가 준비하고 있는 새로운 고등학교 교과과정을 미리 볼 수 있었다. 그러나 안타깝게도 몇십 년 전이나 지금이나 큰 변화는 보이지 않는다. 어떤 항목을 넣었다 뺐다 하는 정도의 변화에 불과해 보인다.

고등학교에서는 다음 표와 같이 공통과목이라고 해서 수학 I과 수학 II를 가르친다. 공통이라고 하면 더 필요한 것을 배워야 하는데, 한번 자문해보자. 다항식, 인수분해, 이차방정식, 원의 방정식, 무리함수 등이 실제 생활에서 얼마나 활

과목군	과목	단원	내용 요소
공통 과목	공통 수학 I	다항식	다항식의 연산, 나머지 정리, 인수분해
		방정식과 부등식	복소수와 이차방정식, 이차방정식과 이차함수, 여러 가지 방정식과 부등식
		도형의 방정식	평면좌표, 직선의 방정식, 원의 방정식, 도형의 이동
	공통 수학 II	집합과 명제	집합, 명제
		함수와 그래프	함수, 유리함수와 무리함수
		통계적 탐구 (대체)	통계적 탐구의 절차, 자료 정리 및 해석
		행렬(신설)	행렬과 그 연산, 역행렬과 연립일차방정식

용되는가? 솔직히 그토록 입이 닳도록 외운 근의 공식, 소인수분해에 왜 그렇게 목을 매야 하는지 생각해보았으면 한다. 쓸모없고 그려지지 않는 어려운 수학은 이제 좀 내려놓을 필요가 있다.

공통으로 배워야 한다면 정말 기초가 되고, 데이터 시대에 문·이과 상관없이 꼭 필요한 분야의 것을 다뤄야 하지 않을까? 지금의 교육과정과 방식은 피가 되고 살이 되지 않는다고 본다. 시험만 치고 나면 우리의 머리에서 배출돼버릴 잉여 지식이다. 배워야 할 무슨 이유든 갖다 붙이려면 붙일 수 있다.

누구는 이렇게 말할 것이다. 기초 없이 행렬, 미분, 확률을 어떻게 가르치겠냐고? 하지만 이런 거 몰라도 충분히 가르칠 수 있다. 만약에 나라면 오히려 공통과목에서 데이터, 인공지능과 관련되는 과목들, 실용적인 과목들만 뽑아서 가르치겠다. 행렬, 미분, 확률의 기본을 내세우고, 코딩으로 데이터를 시각화해서 몸으로 익히게 하고, 실제 산업에서 어떻게 쓰이는지 맥락 속에서 가르치면 그게 훨씬 더 의미 있을 것이다.

하루는 본교 컴퓨터학과 교수에게서 연락이 왔다. 본교 컴퓨터학과를 졸업하고 대학원에 진학했는데, 수학을 잘 못한다는 하소연이었다. 그것도 인공지능에 필수 과목인 선형대수를. 그렇다, 이게 현실이다. 이과 출신인데 대학 4년을 거치고 나서도 수학을 잘 못하는 경우가 허다하다. 초·중·고등학교 수학과 대학에서 가르치는 수학의 내용과 방법이 그 문제에 있어서 별반 다르지 않기 때문이다. 왜 필요한지에 대해 그렇게 신경 쓰지 않고 구태의연한 유도, 증명, 풀이로 일관된 교수법, 필요하지도 않은데도 교과서에 나오면 무조건 다 가르쳐야 한다는 강박 등이 낳은 결과다. 실은 우리나라의 과학과 공학의 미래가 달린 이공대 수학이 더 문제일 수도 있다.

앞에서 수학 교육의 문제를 살펴볼 때 언급했듯이, 역설적으로 대부분의 수학 관련 전문가들(대학교수, 수학 교사)이 산업 현장에서 수학이 어떻게 이용되는지 잘 모르고 있는 경우를 종종 보았다. 너무나 방대하고 어려운 수학, 머리 아픈 수학에 배우는 사람들이 지쳐 쓰러져가는 현실 속에서 가르치는 사람들이 먼저 가르치지 않을 용기를 가졌으면 좋겠다. 제발 필요 없는 것은 가르치지 말자.

내가 이해 못한 건 네 잘못, 좌절에 익숙해지자

수학에 어려움을 겪어본 문과생들은 아마도 이렇게 생각할 것이다. 이과생들은 특별한 수학적 머리를 갖고 있어서 수학 문제만 보면 기분이 좋아지고 적성에 맞아할 거라고, 그래서 어려운 수식이 가득한 책을 줄줄 읽어내고, 문제도 바로바로 풀 거라고 말이다. 하지만 아니다. 알고 보면 이과생들도 수학을 싫어하고 잘 못한다. 내가 이 말을 하는 이유는 문과생들이 수학의 문을 다시 열게 되었을 때 너무 좌절하지 말았으면 좋겠다는 생각에서다.

대학에서 전공 수학, 공학 수학을 배우면서 지식 습득에 기분 좋아하는 공대생이 몇이나 될까? 공대생들도 어렵긴 마찬가지다. 중간고사, 기말고사 기간이 되면 제대로 이해도 못한 채 강사가 찍어주는 문제를 밤새워가면서 달달 외워 점수를 받곤 하는 게 현실이다. 그러니 문과생들이여, 수학을 다시 접하면서 좌절하는 게 나 혼자만의 문제가 아니라는 것을 명심했으면 한다. 첫 페이지부터 무슨 말인지 몰라 진도를 못 나가는 진입 장벽은 이공대생들에게도 똑같이 존재한다. 그러니 우리 좌절에 익숙해지자. 좌절을 생활화하자.

문과생이든 이과생이든 어떤 분야를 접하고 좌절을 느낄 때, 대부분은 '이 분야가 내 적성에 맞지 않는구나'라고 생각한다. 비단 수학뿐 아니라 무슨 분야든 스스로 잘 못 알아들으면 나 자신을 탓한다. 물론 개중에는 정말 수학과는 거리가 먼, 유전적으로 비수학적인 사람도 있을 수 있다. 하지만 상당수는 그렇지 않다. 느끼지 말아야 할 좌절이라고 생각한다. 그러한 마음가짐 때문에 지레 겁을 먹고 수학과 담을 쌓게 되는 것이야말로 안타까운 일이다.

초등학교에서는 분수를 접하면서 수학과의 인연을 끊은 학생들이 적지 않다고 한다. 행여 초등학교, 중학교를 잘 넘어간다고 해도 고등학교 때 다시 수능 수학에 치여서 좌절하고 자기 자신의 성향과 적성을 결정지어버린다. 내가 보아온 많은 문과생이 그러했다. 모르는 용어와 복잡하고 어렵기만 한 수식의 횡포에 치였을 때 느끼는 우리의 감정은, 자연스럽게 '내탓이오'가 되기 쉽다. 하지만 오늘부터 달리 생각했으면 한다. 내가 모르는 이유는 결코 내 탓이 아니다. 그러니 차라리 남 탓을 하면 좋겠다. 잘 못 배운 나의 잘못이 아니라 가르치는 사람의 잘못이라고 여겼으면 좋겠다. 더 쉽게 가르칠 수 있음에도 어려운 용어와 수식으로 도배하고 있는 책과 선생의 문제다.

그렇다면 이런 높은 진입 장벽에다 대고 '내 잘못이 아니라 네 잘못'이라고 반사나 하면서 정신 승리를 하라는 거냐고 반문할 수도 있을 것이다. 그러나 내가 전하고 싶은 말은 그런 말이 아니다. 세상에는 좋은 선생들이 너무나 많다. 특히 인터넷-유튜브 시대에서는 더더욱 그러하다.

구독자가 돈인 세상에서(이런 세상을 찬미하는 것은 아니다) 어떻게 가르치든 10원 한 장 더 받지 않는 오프라인의 세상과는 달리, 온라인의 세상에서는 서로서로 더 잘 가르치려고 경쟁한다. 배우려는 사람들이 그것을 잘 활용할 수 있어야 한다. 온라인 세상에서는 당신의 적성 따위는 운운하지 않는다. 모두가 리처드 파인만이다. 그러니 어떻게든 이해시키려 하는 쉬운 강의들이 분명 있을 것이다. 그러니 우리가 할 일은 이제부터 그런 선생을 찾기만 하면 된다. 블로그든, 유튜브든.

어떤 개념에 대해 이 세상에서 가장 잘 설명하는 선생의 강의와 책을 찾자. 나를 제대로 이해시켜줄 때까지 이 책에서 저 책으로, 이 선생에서 저 선생으로 나와 잘 맞는 교수법을 찾아다니자. 다만, 이때 이것 하나만은 기억하면 좋겠다. "책 한 권을 다 떼자"라거나 "강의를 처음부터 끝까지 들어보자" 같은 강박은 버리자는 것이다. 어떤 개념은 이 선생이 최고였지만, 그 사람이 다른 개념까지 잘 설명하리라는 기대는 하지 말자. 그때그때 나에게 필요한 영역을 찾아 조금씩 충족하듯 공부하는 것이 수학을 빠르고 쉽게 시작할 수 있는 방법이다.

인터넷이나 유튜브는 그래서 활용하기 좋다. 어떤 개념을 검색하든 수많은 콘텐츠들이 줄줄줄 나온다. 하나를 보고 이해가 안 되면 다른 강의를 접하면 되고, 그래도 안 되면 또 다른 강의로 건너가면 된다. 그러다 보면 어느새 그 개념을 이해하고 있는 자신을 발견할 수 있을 것이다. 한 우물 파듯이 공부하지 말고, 우리 한번 찔끔찔끔 배워보자. 수학을 다시 공부해야겠다고 마음먹은 사람들이 부담감을 덜고 수학과 화해해 모두가 격의 없이 수학책을 집어 들 수 있기를 기대한다.

PART 5

미래에 꼭 필요한 수학

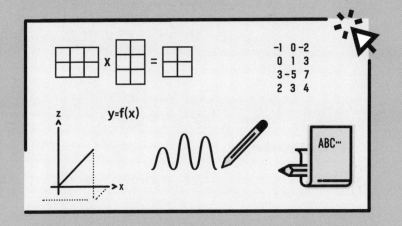

수학의 본질은 자유에 있다.

———

칸토어

˚1˚

인공지능 시대에 필요한
다섯 가지 수학

인공지능 시대의 수학이라고 하면 왠지 어려울 것 같다고 생각한다. 천재들이 다루는 수학이 아닐까 지레짐작하기도 한다. 물론 인공지능 저 너머의 경지에는 그런 부분이 있을 수도 있겠지만, 대부분 인공지능 관련 수학은 중학교, 고등학교 수준의 과정만 습득해도 충분히 이해할 수 있다. 아니, 수능 수학에서 빵점을 맞았다고 해도 문제없다. 고등학교 교육과정이 조금 바뀌긴 했지만 꼭 배워야 할 과정은 배운 상태이고 대부분은 그것의 확장이기 때문이다. 혹 제대로 안 배웠다 하더라도 지금부터라도 배우면 된다. 그리 어렵지 않다.

자, 우선 인공지능 시대의 주재료가 되는 데이터에 대해 알아야 한다. 인공지능에 사용되는 데이터는 컴퓨터가 인식할 수 있는 숫자열로 표현되어야 하며, 이 숫자열을 (앞서 배웠던) **벡터**라 한다. 그리고 그 데이터를 입출력으로 하는 **함수**로서의 인공지능 기술을 구현하려면 먼저 인공지능이 지닌 속성을 알아야 한다. 인공지능은 전체로서도 함수이고 내부 부속품도 함수다. 그래서 우리는 함수에 대한 개념을 튼튼히 해야 한다. 우리의 실생활에서 함수가 얼마나 자주, 또 중요하게 사용되고 있는지를 제대로 이해하고 친숙하게 받아들일 때, 인공지능 기술의 세계에서 빈번하게 사용되는 함수를 이해하기가 훨씬 수월해질 것이다.

그리고 이렇게 전체로서도 입출력을 가진 함수이고 내부 구성도 작은 함수들의 조립으로 이루어져 있는 인공지능을 용이하게 해주는 것이 바로 **행렬**이다. 그래서 입출력을 가진 인공지능을 가리켜 함수 행렬이라고 해도 과언이 아니다. 완벽한 정의는 아니지만, 나는 인공지능을 행렬이라고 말할 정도로 행렬의 중요성을 강조한다. 사실 제대로 된 인공지능은 제대로 된 함수 행렬을 잘 구하면 끝이라 할 수 있다. 행렬이 얼마나 인공지능의 전부였으면 영화 제목을 〈매트릭스〉(행렬)라고 했을까?

　이러한 행렬이야말로 특정 목적을 위해 잘 준비해두어야 할 인공지능의 모든 것이라고 할 수 있는데, 그렇다면 어떻게 해야 좋은 행렬을 구할 수 있을까? 좋은 행렬이 있으면 그것을 팔면 된다. 좋은 행렬이 있으면 그것을 앱에 심어놓으면 된다. 이 좋은 행렬을 구하는 데 필요한 수학의 개념이 바로 고등학교 때 우리의 머리를 쥐어짜게 만들었던 **미분**이다.

　마지막으로 인공지능 수학에 있어서는 **확률**에 대한 이해가 꼭 필요하다. 인공지능이 더 인공지능다워지기 위해서는 늘 같은 것을 보면서 같은 것을 답하지 않아야 한다. 즉 경험하지 못한 것에 대비해야 하고, 늘 똑같이 반응하지 않도록 해야 한다. 그러기 위해서는 확률의 개념이 필요하다. 또한 데이터에 맞는 함수로서의 인공지능을 훈련하기 위해 확률의 개념이 도입된다.

　자, 지금까지 인공지능 시대에 필요한 수학에 대한 전반적인 소개를 끝냈다. 이제부터는 함수, 미분, 행렬, 벡터, 확률이라는 다섯 가지 분야에 대해 보다 쉬운 수학의 길로 안내해보고자 한다.

함수, 입력과 출력으로 이루어진 세상

함수라고 하면 일반적으로 f(x)라는 어떠한 박스에 무언가가 들어갔다 나오는 그림이나 어떤 관계가 함수인지 아닌지를 묻는 시험 문제들, 먼저 이런 것들이 떠오를 것이다. 하지만 지금부터는 모두 잊자. 물론 잊을 만한 기억조차 없다면 더 좋다. 함수는 입출력의 관계다. 뭔가를 입력으로 받아 어떤 식으로든 바꾸어 출력으로 뱉어내는 그것. 이것이 함수다.

"입력과 출력을 전제하다."

우리가 중학교 때 배운 함수는 이러한 입력과 출력을 수식으로 하여 그 관계를 표현한 것이라 할 수 있다. 이때 함수를 f라고 하고, 입력과 출력을 각각 x와 y라고 하며, y=f(x)로 표현한다(줄여서 함수명 없이 y(x)로 표기하기도 함). 그러므로 우리가 y=f(x)를 봤을 때 알아야 하는 건 이것이다.

"아하, 이 함수의 이름은 f구나."

만약 y=g(x)로 표현되어 있으면 그 함수 이름은 g라는 말이다. 함수 옆에 괄호가 있는데 여기에 들어가는 것이 입력이다. 그래서 y=f(x)라고 되어 있으면 x가 입력이다. 그러면 출력은 무얼까? 출력은 = 왼쪽에 있는 y다. 그래서 y=f(x)에서 출력은 y가 된다. 그러면 제대로 이해했는지 연습해볼까? b=h(a)라고 되어 있다면? 함수의 이름은 h, 이 함수의 입력과 출력은 각각 a와 b이다.

y=f(x)라고 적혀 있으면, 함수 f는 입력 x를 받아 어떤 식으로 바꾸고 출력 y로 뱉어낼 것이다. 이때 이렇게만 적혀 있으면 함수 이름 f, 입력 이름 x, 출력 이름 y만 알 수 있고, 이 함수가 무엇을 하는지는 알 수 없다. 무엇을 하는지를 알 수 있

으려면 f(x)=ax+b라고 적든지, 아니면 y=f(x)에다 f(x) 대신에 y=ax+b라고 적으면 된다.

중학교 때 일차함수라고 배운 y=ax+b는 그런 의미를 띠고 있다. x가 입력이고, y가 출력이다. 입력 x에다 a를 곱하고 b를 더해서 그것을 출력 y로 뱉어내는 함수라는 것이다. 이 y=ax+b가 바로 우리가 일차함수라고 배웠던 생애 첫 함수다.

그런데 지금까지 함수가 수식으로만 표현된다고 알고 있었겠지만, 반드시 그렇지만은 않다. 입출력 관계를 수로 표현 가능하다는 것을 수학에서 다룬 것뿐이다. 수가 아니라면 우리에게 더 와닿을 수도 있다. 앞에서 언급한 우리만의 함수 정의를 다시 소환해보자. "뭔가를 입력으로 받아 어떤 식으로든 바꾸어 출력으로 뱉어내는 그것". 그럼 우리 주변에서 가장 가까이 볼 수 있는 함수는 무엇일까? 눈치챘겠지만 우리 자신, 바로 사람이다. 사람이야말로 곧 다양한 함수의 집합체다.

우리는 음식을 먹고(입력) 화장실에 간다(출력). 사물을 보고(입력) 그게 무엇인지 인식한다(출력). 누군가의 음성을 듣고(입력) 무슨 말인지 안다(출력). 이렇게 사람은 수없는 함수들로 이루어져 있다. 자동차는 어떠한가? 차를 운전할 때 액셀을

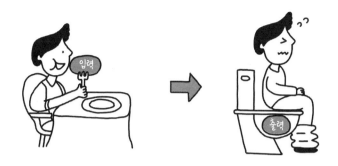

밟고 핸들을 조정하면 차는 원하는 방향으로 움직인다. 이때 액셀과 핸들을 조작하는 것이 입력이 될 것이고, 차의 움직임이 결과, 즉 출력이 될 것이다. 차는 입력과 출력의 관계를 정의해놓은 함수인 셈이다. 이렇듯 함수가 아닌 것을 찾기가 더 힘들 정도로 우리 삶 주변은 온통 함수로 가득 차 있다.

함수의 목적은 매우 다양해서 무언가를 추천하거나 예측할 경우에도 사용된다. 예를 들어 현재의 여러 가지 경제지표를 넣어주고 내가 주식을 사야 할지 집을 사야 할지도 말해줄 수 있다. 이때의 입출력은 무엇일까? 입력은 경제지표, 출력은 주식/집을 살지 말지가 된다. 이런 함수도 재미있지 않을까? 나의 여러 가지 특징을 넣었을 때 어떤 직업이 어울리는지를 말해준다면? 이때의 입력은 나의 특징들, 출력은 어울리는 직업이 될 것이다.

많은 경우 입력으로 시간을 넣는다. 미래를 예측하는 함수는 대부분 그렇다. 예를 들어, 코로나19의 경우 입력으로 시간을 넣고 확진자의 수를 출력으로 뱉어내는 함수를 만들 수 있다. 이 함수에 한 달 뒤의 시간을 입력으로 넣으면, 그때의 확진자 수를 예측할 것이다. 입력을 시간으로 하는 다른 예로는 시간과 인공위성의 위치, 시간과 주가, 시간과 인구수 등이 있다.

대부분의 인공지능 또한 함수라는 사실을 아는가? 입력을 받아서 출력으로 무언가를 해주는 것으로 이해하면 '인공지능이 함수구나'라고 쉽게 생각될 것이다. 음성을 듣고(입력) 무슨 말인지 아는(출력) 음성인식, 글자를 쳐서 넣으면(입력) 음성으로 말해주는(출력) 음성합성, 사진을 찍으면(입력) 무엇인지 말해주는(출력) 사물 인식, 한국어를 주면(입력) 영어로 바꿔주는(출력) 자동번역, 이 모든 인공지능의 기술들이 입력과 출력의 관계, 즉 함수다.

앞에서 사람 자체가 수많은 함수의 집합체라고 이야기했다. 그렇기에 사람을 모방하고자 하는 인공지능이 함수인 것은 어쩌면 당연하다. 그렇다면 이 인공지능 함수의 내부는 얼마나 복잡할까? 모르긴 해도 아마 엄청난 양의 어려운 수식으로 빽빽이 채워져 있을 거라 생각될 것이다. 하지만 실제는 그렇지 않다. 잠시 후를 기대하시라.

° 3 °
미분,
입력의 영향력

미분을 이야기하는 순간 벌써 저 멀리 달아나버린 사람들이 많을 것으로 짐작된다. 다시 한번 이야기하지만, 지금까지 배운 건 다 잊어버리자. 물론 남아 있는 것도 별로 없겠지만. 미분이라고 하는 순간, 함수를 전제로 해야 한다는 것을 명심하자. 앞에서 언급했듯이 함수는 입력을 변화시켜 출력을 만들어내는 것이다. 다시 말하면 입출력 간의 관계라고 할 수 있다. 미분은 바로 이 함수의 개념을 반드시 머리에 두고 시작해야 한다. 즉, 입력과 출력이 있다는 것을 전제로 하고 시작하자.

"미분은 영향력이다."

그렇다. 미분은 영향력이다. 이것만 기억하자. 조금 더 말하면, 입력이 출력에 끼치는 영향력이 미분이다. 입출력을 언급해야 하기에 함수라는 전제가 깔려야 한다. 함수와 마찬가지로 미분은 우리 일상생활과 아주 밀접한 관련이 있다. 미분이라고 하면 머리에 쥐가 날 것 같겠지만, 우리는 어제도 미분을 사용했고 오늘도 미분을 사용하고 있다. 미분은 입출력, 즉 함수를 전제로 한다고 했다. 앞에서 우리에게 가장 가까운 함수는 바로 우리 자신, 곧 사람이라고 했다. 그럼 우리가 우리 몸에 대해 어떻게 미분을 사용하고 있는지 살펴보자.

재구는 아침에 시리얼, 달걀, 베이컨, 오렌지주스를 먹었다. 좀 지저분한 얘기지만, 그러고는 저녁에 설사를 했다. 이때 입력은 시리얼, 달걀, 베이컨, 오렌지주스이고, 출력은 똥(설사)이다. 재구는 아침에 먹은 것 중 무엇이 오늘의 설사에 영향을 줬는지 알고 싶다.

우리는 앞서 입력이 출력에 끼치는 영향력을 미분이라고 했다. 이날 아침에 먹은 것은 정확히 시리얼 5스푼, 달걀 2개,

베이컨 4조각, 오렌지주스 1컵이다. 똥의 묽기는 8이라고 하자. 이때 다른 건 2개, 4조각, 1컵을 먹고, 시리얼은 5스푼이나 먹었으니, 숫자가 가장 큰 시리얼 때문에 설사가 생겼을 거라고 바로 확신하는 사람은 아무도 없을 것이다.

아침에 먹은 것 중에 과연 무엇 때문에 설사를 했을까? 무엇이 설사에 영향을 끼쳤을까? 어떤 입력이 출력에 영향을 끼쳤을까? 이것을 알기 위해서는 입력에 살짝 변화를 주면 된다는 것을 우리는 본능적으로 안다. 우리는 입력에 해당하는 식단에 약간의 변화를 줘볼 것이다.

다음 날, 재구는 시리얼을 5스푼에서 3스푼만 먹는 것으로 변화를 줘봤다. 하지만 이날 저녁에도 마찬가지로 설사를 했다. 그렇다면 시리얼 때문은 아니었나 보다. 그다음 날엔 2개 먹었던 달걀을 1개만 먹어봤다. 똥의 묽기가 8에서 5로 줄었다. 바로 달걀이 범인이었다. 이렇게 어떤 입력이 출력에 끼치는 영향력, 즉 입력을 얼마로 바꿨을 때 그것 때문에 출력은 얼마나 변하는지를 나타내는 비율, 이것이 미분이다.

$$\text{미분} = \frac{\text{출력 변화}}{\text{입력 변화}}$$

　여기서 입력이 1로 변할 때 출력이 3으로 변한다면, 입력이 출력에 끼치는 영향력은 3이라 할 수 있다. 즉 달걀을 1개 더 먹으면, 그렇지 않을 때보다 설사가 3만큼 더해진다는 말이다. 이제 어렵지 않게 이해가 되었는가?

　제대로 다시 요약해보자. 첫째, 미분은 입력과 출력을 가지는 함수 관계를 전제로 한다. 둘째, 미분은 입력이 출력에 끼치는 영향력이다. 셋째, 그 영향력을 구하기 위해서는 입력에 조금의 변화를 주고 출력의 변화를 관찰해야 한다. 마지막으로, 미분값은 입력의 변화와 그 출력의 변화 사이의 비율이다.

자, 이제 행렬에 대해 배울 차례다. 행렬은 이것만 알자. 행렬은 직사각형 모양의 숫자들이다.

$$\begin{array}{|c|c|c|} \hline 1 & 3 & -5 \\ \hline 0 & 2 & 7 \\ \hline \end{array}$$

그게 전부라고? 그렇다. 하지만 이렇게 숫자를 배열해두는 것에 대한 아름다움과 유용성은 가히 폭발적이다. 우리가 인공지능이라고 할 때, 대부분은 이 행렬 자체가 곧 인공지능일 정도로 행렬은 이 시대 수학의 주인이다.

행렬의 크기는 직사각형의 크기를 말한다. 앞에서 본 행렬은 가로로 두 줄이다. 그래서 2행이라 한다. 세로로는 3줄이다. 그래서 3열이라고 한다. 즉, 2행 3열의 행렬이다. 줄여서 2×3 행렬이라고 한다. 다양한 직사각형의 크기가 존재하듯 다양한 행렬의 크기가 있을 것이다. 이 중에 아래와 같이 가로든 세로든 한 줄로 된 행렬도 있다. 이 한 줄짜리 행렬은 사실상 숫자열이고, 벡터라 부르기도 한다.

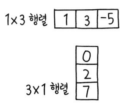

벡터 이야기는 앞부분에서 예를 들며 충분히 했으니 필요하다면 다시 한 번 읽어보길 바란다. 그래도 특징을 상기해서 요약하자면 벡터는 숫자열의 개수만큼의 차원에서 한 점으로 표현 가능하다고 했다. 그리고 두 점(벡터)이 얼마나 유사한지는 거리를 재거나 원점과의 각도로 측정이 가능하다고 했다.

그렇다면 다음은 행렬의 곱에 대해 알아보자. 행렬 2개를 곱하는 것이다. 이때 행렬의 크기가 중요하다. 행렬의 곱은 왼쪽 행렬의 행과 오른쪽 행렬의 열을 곱하는 것이므로 그 크기가 맞아야 한다. 크기가 안 맞으면 곱하기를 아예 할 수가 없다. 그래서 2×3 행렬과 3×2 행렬의 곱은 왼쪽 행렬의 열(3)과 오른쪽 행렬의 행(3)의 숫자가 일치해야 가능하다. 그 곱의 결과 행렬의 크기는 아래와 같이 2×2 행렬이 된다. 이렇게 우리는 한 쌍의 행렬이 주어졌을 때, 곱하기가 가능한지 곱한 결과로서의 행렬 크기를 알 수 있다.

같아야 곱이 가능

$$2 \times 3 \quad 3 \times 2$$

곱한 결과 행렬의 크기

위에서 언급한 2×3 행렬과 3×2 행렬의 곱을 예를 들어 설명하면 다음과 같다.

그다음 2×3 행렬과 3×2 행렬을 곱하는 방법은 다음과 같다. 왼쪽 행렬의 각 행과 오른쪽 행렬의 각 열을 곱하고 그 결과를 더하면 하나의 숫자가 나온다. 이렇게 곱한 결과가 되는 2×2 행렬을 다음처럼 한 칸씩 계산해낼 수 있다.

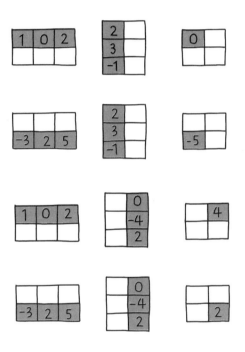

그래서 최종 결과는 다음과 같다.

$$\begin{bmatrix} 1 & 0 & 2 \\ -3 & 2 & 5 \end{bmatrix} \times \begin{bmatrix} 2 & 0 \\ 3 & -4 \\ -1 & 2 \end{bmatrix} = \begin{bmatrix} 0 & 4 \\ -5 & 2 \end{bmatrix}$$

함수는 어떤 입력을 받아 어떤 식으로 바꾸어 출력하는 시스템, 즉 장치다. 여기서 행렬이야말로 인공지능 그 자체로서 함수 역할을 할 수 있다. 다음 그림에서 볼 수 있듯이 2×3 행렬은 1×2 입력 벡터를 받아 행렬 곱으로 변화를 가한 뒤 1×3 출력 벡터를 뱉어낸다. 이때 입력 벡터에서 출력 벡터로 바뀔 때 수치뿐 아니라 차원도 변한다. 2×3 행렬의 입력 벡터는 1×2 벡터이지만, 출력은 1×3 벡터다. 즉, 이 함수는 2차원에서 3차원으로 만들어주는 차원 변환도 동시에 해준다. 이 함수 행렬이 바로 인공지능의 대표 선수인 인공 신경망이자 딥 러닝의 핵심이라 할 수 있다. 자세한 건 뒤에서 더 만나보자.

$$5 \ 3 \ \times \ \begin{matrix} -1 & 0 & -2 \\ 0 & 1 & 3 \end{matrix} \ = \ -5 \ 3 \ -1$$

입력 벡터   함수 행렬   출력 벡터

확률, 가능성의 미래

 이제 거의 다 왔다. 지금까지 잘 따라왔다면 마지막으로 확률에 대해 알아보자. 어떤 일이 일어날 확률은 다음과 같다.

$$확률 = \frac{일어날 \ 경우의 \ 수}{모든 \ 경우의 \ 수}$$

보통 주사위를 예로 많이 든다. A라는 주사위가 있다고 하자. A 주사위는 1, 2, 3, 4, 5, 6 중 하나가 될 수 있다. 주사위 A에서 2가 나올 확률은 P(A=2)로 쓰면 된다. P는 확률

(probability)의 머리글자다.

　확률을 구하기 위해 다음을 생각해보자. 먼저 주사위 A에서 일어날 모든 경우의 수는 몇 개인가? 1, 2, 3, 4, 5, 6이 이 주사위에서 일어날 모든 경우이므로, 모든 경우의 수는 6개다. 2가 나올 경우의 수는 2 하나밖에 없으니 1개다. 그러므로 이 주사위에서 2가 나올 확률은 $\frac{1}{6}$이 된다.

1	2	3	4	5	6

　여기까지는 쉽다. 하지만 만약 1개가 아니라 2개의 주사위를 던지는 경우라면 좀 더 어려워진다. 이 경우 주사위 2개를 각각 A, B라고 할 때 우리는 P(A=2), P(A=2, B=3), P(B=3|A=2), 이 세 가지 개념을 이해해야 한다. 이를 각각 주변(marginal), 결합(joint), 조건부(conditional) 확률이라고 한다.

　기호와 용어가 많아지니 갑자기 '헉!' 할지도 모르겠다. 하지만 보이는 수학을 해보자. 주사위 2개를 던졌을 때 모든 경우를 나열해보면 다음 표로 시각화할 수 있다. 이 시각화가 이해하는 데 큰 도움이 될 것이다.

		A					
		1	2	3	4	5	6
B	1						
	2						
	3						
	4						
	5						
	6						

먼저 주변(marginal) 확률, $P(A=2)$부터 알아보자. A 주사위에서 2가 나올 확률을 말한다. 현재 2개의 주사위 A, B를 동시에 던지는 경우라는 것을 명심하자. 이때 $P(A=2)$를 구하는 것이다. 앞에서 설명했듯이, 무슨 확률을 구하든지 확률은 $\dfrac{\text{일어날 경우의 수}}{\text{모든 경우의 수}}$로 구한다. '모든'은 위의 표의 모든 칸의 개수다. 즉, 36개다. 이제 A 주사위에서 2가 나올 경우의 수만 알면 $P(A=2)$를 구할 수 있다. A 주사위가 2가 되는 경우는 다음 페이지의 표에서 색으로 표시된 빈칸의 수다. 즉, 6개다. 그래서 $P(A=2)$는 $\dfrac{6}{36}$이다.

다음은 결합(joint) 확률, P(A=2, B=3)를 알아볼 차례다. 즉 A 주사위는 2, B 주사위는 3, 이렇게 두 경우가 동시에 일어날 확률이다. 이 경우의 수는 아래의 표에서 색으로 표시된 1개밖에 없다. 전체의 경우의 수는 36이니까, P(A=2, B=3)은 $\frac{1}{36}$ 이다.

다음은 조건부(conditional) 확률, P(B=3|A=2)를 확인해보자. B=3| A=2라는 뜻은 | 뒤에 있는 A=2가 일어났다는 전제하에 B=3이 일어날 확률을 구하라는 뜻이다. 수식으로는 P(B=3|A=2)로 표현한다. 즉, A 주사위에서 2가 나온 상태에서 B가 3이 나올 확률이다. 이때 A 주사위에서 벌써 2가 나왔다는 것을 전제하라는 말은 아래의 표에서 굵게 표시된 테두리 안쪽만 생각하라는 뜻이다. 테두리 바깥은 아예 없다고 생각하자. 이렇게 하면 뭐가 달라지냐고? 확률은 $\dfrac{\text{일어날 경우의 수}}{\text{모든 경우의 수}}$인데, 두 값이 모두 바뀐다. 테두리 내부만 생각하면, 전체 경우의 수가 36이 아니라 6이 된다. 그리고 B가 3이 되는 경우의 수도 테두리 안에서는 1개밖에 없다. 그래서 P(B=3|A=2)는 $\dfrac{1}{6}$이 된다.

그런데 이 중요하다고 했던 세 가지 확률 P(A=2), P(A=2, B=3), P(B=3|A=2)는 서로서로 관계가 있다. 이때 그들의 관계를 나타내주는 중요한 식이 있는데, 그것은 다음과 같다.

$$P(B=3|A=2) = \frac{P(A=2, B=3)}{P(A=2)}$$

$$\frac{1}{6} = \frac{\frac{1}{36}}{\frac{1}{6}}$$

이 식은 무조건 외워도 좋을 만큼 중요하다(앞에서 제대로 이해했다면 외워도 좋을 것이다). 이 식이 중요한 이유는 확률의 꽃이라 불리는 '베이즈 정리(Bayes' theorem)' 때문에 더 그렇다. 위의 식에서 다음의 식을 쉽게 끌어낼 수 있다.

$$P(B|A) = \frac{P(A, B)}{P(A)} \Rightarrow P(B|A)P(A) = P(A, B)$$

$$P(A|B) = \frac{P(A, B)}{P(B)} \Rightarrow P(A|B)P(B) = P(A, B)$$

P(A, B)가 같으므로, 다음과 같이 유도 가능하다.

$$P(A|B) = \frac{P(B|A)P(A)}{P(B)}$$

이것을 베이즈 정리라고 한다. 이 베이즈 정리의 유용성을 설명하기 위해 A, B를 H(hypothesis: 가설), D(data: 데이터)로 각각 바꿔보자.

$$P(H|D) = \frac{P(D|H)P(H)}{P(D)}$$

A와 B를 H와 D로 바꾸었는데, 이때 H, D가 뭔지 감을 잡을 필요가 있다. 실생활의 예를 통해 한번 감을 잡아보자. 우리가 만약 코로나 검사를 했다면, 이때 검사 결과가 D에 해당하고 실제 바이러스 감염 여부는 H에 해당한다. 또 누군가가 사과했다는 것이 D에 해당한다면, 실제 미안한 마음을 가졌는지 여부는 H가 될 수 있다. 또한 비가 오는 게 D라면, 구름이 낀 것은 H가 된다. 느낌이 오지 않는가? 원인, 입력, 모델, 가설에 해당하는 부분을 H로, 결과, 출력, 관찰, 데이터에 해당하는 부분을 D로 보면 된다.

H: 원인, 입력, 모델, 가설

D: 결과, 출력, 관찰, 데이터

그러면 앞에서 배운 조건부(conditional) 확률을 다시 떠올려보자. $P(B=3|A=2)$는 | 뒤에 있는 $A=2$가 일어났다는 전제하에 $B=3$이 일어날 확률을 구하라는 뜻이다. 그래서 $P(D|H)$는 어떤 원인(H)이 주어져 있을 때, 어떤 결과(D)가 일어날 확률이다. 즉, '원인'으로부터 '결과'로의 순방향 확률(direct probability)이라 할 수 있다.

앞의 예들을 적용해보면, 다음과 같다.

H ⟶ D: P(D|H)

- $P(D=양성|H=감염)$ – 실제 코로나 바이러스에 감염되었을 때, 코로나 검사 결과가 양성이 나올 확률
- $P(D=사과|H=미안함)$ – 실제 미안한 마음을 가졌을 때, 사과를 할 확률
- $P(D=비|H=구름)$ – 실제 구름이 끼었을 때, 비가 내릴 확률

역사적으로 베이즈 이전에는 이 순방향 확률, $P(D|H)$

에만 관심이 있었다. 그런데 베이즈는 처음으로 어떤 '결과'가 일어났을 때, 가능한 '원인'들이 어떤 확률을 가질까, 즉 P(H|D)를 구하는 것에 관심을 가지기 시작했다. 이는 P(D|H)와는 달리 '결과'로부터 '원인'으로의 역방향 확률 (inverse probability)이 된다.

D ⟶ H: P(H|D)

- P(H=감염|D=양성) – 코로나 검사 결과가 양성이 나왔을 때, 실제 코로나 바이러스에 감염되었을 확률
- P(H=미안함|D=사과) – 누군가가 사과를 했을 때, 실제 미안한 마음을 가졌을 확률
- P(H=구름|D=비) – 비가 내렸을 때, 구름이 끼었을 확률

얼핏 들으면, 순방향 P(D|H)와 역방향 P(H|D) 확률은 둘 다 그게 그것처럼 들린다. 하지만 순방향 확률과 역방향 확률은 엄연히 다르다.

코로나 감염과 진단 양성반응의 예를 들어보자. H=감염, D=양성은 각각 원인과 결과다. 그래서 순방향 확률인 P(D=양성|H=감염)은 어떤 사람이 코로나 바이러스에 확실히 감

염이 되었을 때, 그 감염자의 진단 검사가 양성일 확률이다. 반면, 역방향 확률 P(H=감염|D=양성)은 감염 여부를 모르는 누군가가 검사를 받고 양성이 나왔을 때, 진짜 감염이 되었을 확률이다.

베이즈 정리는 앞의 식에서도 알 수 있듯이 역방향 확률, P(H|D)를 구하는 방법을 제시한다. 하지만 P(H|D)를 알고자 할 때, 반드시 베이즈 정리를 이용해야 하는 것은 아니다. 어떤 경우는 식의 도움 없이도 직접 구할 수 있다. 그렇지 못할 경우만 베이즈 정리를 쓰면 된다.

그럼 베이즈 정리의 도움 없이 P(H|D)를 바로 구할 수 있는 예를 살펴보자. 머리의 길이를 보고(D=장발) 남자인지 여자인지(H=여자)에 대한 확률을 구하고 싶다. 예를 들어 P(H=남자|D=단발)은 단발인 사람들만 모아놓고 그중에서 남자가 차지하는 비율을 구하면 된다. 이런 경우는 딱히 베이즈 정리의 도움 없이 바로 계산할 수 있다.

다음은 P(H|D)를 바로 구할 수 없기 때문에 베이즈 정리의 도움을 받아야 하는 경우다. 예를 들어 코로나 검사를 했다. 그런데 양성이 나왔다(D=양성). 이 경우 진짜 코로나에 걸렸을(H=감염) 확률은 P(H=감염|D=양성)이라 할 수 있다. 즉,

이 검사가 얼마나 믿을 만한가로서 아주 중요하다. 앞에서 확률을 계산하는 방법은 $\dfrac{\text{일어날 경우의 수}}{\text{모든 경우의 수}}$ 라고 했다. 그런데 양성이 나온 것을 전제로 하니까 양성 나온 사람들만 모아서 그 사람들 중에 진짜 코로나에 걸린 사람의 비율을 구하면 된다. 잘 생각해보면 양성이 나온 사람은 모을 수 있다. 그런데 그 사람들 중 진짜 코로나에 걸린 사람은 어떻게 찾아야 할까? 양성이 나온 사람들이 모두 증상을 보이는 것도 아닐 텐데? 의도는 좋았지만 현실적으로는 구하기 힘들다. 이럴 때는 베이즈 정리를 이용하자.

$$P(H=\text{감염}|D=\text{양성}) = \frac{P(D=\text{양성}|H=\text{감염})\,P(H=\text{감염})}{P(D=\text{양성})}$$

P(H=감염|D=양성) 대신 P(D=양성|H=감염), P(H=감염), P(D=양성), 이 세 가지를 구하면 된다. 구해야 할 게 많지만 그래도 아직 희망이 있으니 찬찬히 다시 생각해보자.

P(D=양성|H=감염)은 뭘까? 코로나에 확실히 걸렸다는 전제하에 코로나 검사에서 양성이 나올 확률이다. 이건 구할 수 있다. 코로나에 확실히 걸린 환자들만 대상으로 하면 된다. 이들 중에서 코로나 검사 결과 양성의 비율이 P(D=양성

|H=감염)이다.

P(H=감염)은 뭘까? 현재 알려진 전체 감염자의 비율이다. P(D=양성)은 뭘까? 감염 여부와 상관없이 이 검사에서 양성이 나오는 확률이다. 모두 구할 수 있거나 알 수 있는 정보다.

그런데 P(H=감염|D=양성)의 정확한 확률을 구하는 게 목적이 아니라, 양성이 나왔을 때, '감염됐다'와 '감염 안 됐다' 두 가설 중 어떤 확률이 더 높은지 아는 것만이 목적이라면, P(H=감염|D=양성)과 P(H=비감염|D=양성)을 비교하기만 하면 된다. 아래의 두 식에서 볼 수 있듯이, 두 가설 모두 분모에 동일하게 P(D=양성)이 있으므로 분자끼리만 비교하면 된다. P(D=양성|H=감염)·P(H=감염)과 P(D=양성|H=비감염)·P(비감염)을 비교해서 높은 확률의 가설에 손을 들어주면 된다.

$$P(H\text{=감염}|D\text{=양성}) = \frac{P(D\text{=양성}|H\text{=감염})\,P(H\text{=감염})}{P(D\text{=양성})}$$

$$P(H\text{=비감염}|D\text{=양성}) = \frac{P(D\text{=양성}|H\text{=비감염})\,P(H\text{=비감염})}{P(D\text{=양성})}$$

베이즈 정리를 이용하는 P(H|D)의 또 다른 예를 보자.

MRI로 특정 암 여부를 판단하는 경우 어떻게 베이즈 정리가 이용되는지 살펴보자. 특정 암을 검사하기 위한 MRI 영상을 찍었다(D=영상). 이때 그 특정 영상에 대해 실제 암에 걸렸을 (H=암) 확률을 알고 싶다. 즉, P(H=암|D=영상) 확률이다. 그런데 MRI 영상은 코로나 검사 같은 것과는 달리, '양성', '음성'과 같은 결과를 알려주는 게 아니라 1,000만 번을 찍어도 절대 같은 결과가 나올 수 없다. 다시 말해, 물리적이고 연속적인 데이터다. 이런 정보(D=영상)가 조건부(|의 오른쪽)로 올 경우 'H=암'의 확률은 구하기도 힘들고 쓸모도 없게 된다. 왜 그런지 알아보자.

P(H=암|D=영상)은 정의상 '특정 영상'이 주어졌을 때, 암 여부의 확률이다. 그런데 그 '특정 영상'은 평생 기다려도 두 번 다시 볼 수 없다. 그래서 P(H=암|D=영상)과 같이 조건부에 물리 데이터가 조건으로 나올 때 베이즈 정리를 이용한다. 대표적인 경우가 음성인식이다. 구체적으로 음성인식은 어떤 소리를 들었을 때, 그게 '아'인지에 대한 확률의 계산이 필요하다. 즉 P(H='아'|D=소리)를 계산해야 하는데, 영상의 경우와 마찬가지로 소리라는 물리 데이터도 절대 같은 소리가 나올 수 없다.

베이즈 정리의 오른쪽 항에서 희망을 찾아보자. P(D=영상|H=암), P(H=암), P(D=영상)을 각각 살펴보자. P(D=영상|H=암)은 암 환자 경우로 국한한 상태에서(H=암), 특정 영상(D=영상)의 출현 확률이다. 이 확률은 암 환자들의 영상 데이터를 충분히 모아 만든 영상 물리값들의 확률 분포를 먼저 구하고, 그로부터 해당 영상의 확률을 구할 수 있다. 그리고 P(H=암)은 현재 알려진 이 암에 걸릴 확률이다. P(D=영상)은 암 여부와 상관없이 이 영상이 나올 확률이다. 이 확률은 암 환자와 일반인 구분 없이 영상 데이터를 충분히 모아, 영상 물리값들의 확률 분포를 먼저 구하고, 그로부터 해당 영상의 확률을 구하면 된다. 그런데 앞에서 살펴본 코로나의 예와 마찬가지로 대립하는 두 가설(암인지 아닌지)만을 비교하는 것이 목적이라면, 즉 암 여부만 판별하는 것이라면, P(D=영상)은 구할 필요 없이 P(D=영상|H=암)·P(H=암)만 구해서 비교하면 된다.

앞에서 언급한 코로나와 암의 예처럼 서로 대립하는 가설들(예: 감염 vs. 비감염, 암 vs. 암 아님)의 확률들을 상대적으로 비교하는 것이 목적인 경우가 많다. 이럴 경우 P(D)는 동일한 분모로 사라지는 항목이므로 아래와 같이 계산이 단순해진다.

$$P(H|D) \simeq P(D|H)P(H)$$

P(H|D)는 어떤 일이 일어난 것을 전제로 한 어떤 가설의 확률이므로 사후(posterior) 확률, P(H)는 어떤 일이 일어난 것을 전제로 하지 않은 확률이므로 사전(prior) 확률, P(D|H)는 어떤 가설이 주어졌을 때 어떤 일이 일어날 확률로서 우도(likelihood)라고도 부른다.

앞서 베이즈 정리를 순방향 확률과 역방향 확률의 관계로 해석한 것과는 달리, 이러한 용어는 베이즈 정리를 사전 확률과 사후 확률의 관계로 해석하는 시각에서 비롯한다. 사후 확률 P(H|D)와 사전 확률 P(H)는 둘 다 어떤 가설(H)에 대한 확률이다. 하지만 P(H)는 관찰(D)이 없는 확률, 즉 어떤 막연한 믿음인 반면, P(H|D)는 관찰(D)을 전제로 한 확률이다. 다시 말하면 사후 확률 P(H|D)는 사전 확률 P(H)를 관찰(D)로써 업데이트하는 것으로 해석 가능하다.

누군가를 처음 봤을 때 가졌던 우리의 선입견, P(H)는 관찰을 하면 할수록 정확한 판단, P(H|D)로 바뀌어갈 것이다.

수학이 보여주는
인공 신경망의 세계

끝으로 지금까지 배운 함수, 미분, 행렬, 벡터, 확률이 어떻게 인공지능 속에서 이용되는지 알아보려고 한다. 본격적으로 인공지능을 설명하기 전에 더 중요한 그 재료에 대해 먼저 설명하고자 한다. 바로 데이터다. 데이터라면 아이큐, 환율, 주가, 온도, 키, 수학 성적처럼 본래 숫자인 데이터도 있지만 그렇지 않은 데이터도 많다. 대표적으로 소리, 글자, 영상이다. 이러한 데이터들이 어떻게 인공지능에 이용되는지 확인해보는 계기가 되었으면 한다.

다음의 인공지능은 소리를 입력으로 해서 텍스트를 출력하는 일을 한다. 이러한 인공지능을 음성인식이라 한다.

   안녕하세요

이때 입출력이 뒤바뀔 수도 있다. 텍스트를 입력으로 하여 음성을 출력으로 하는 인공지능을 음성합성이라고 한다.

안녕하세요

다음과 같이 영어 텍스트가 들어가서 한국어 텍스트가 나오면 번역이다.

hello   안녕하세요

다음처럼 사진을 찍으면 강아지라고 말해주는 것은 요즘

흔히 이용하는 이미지 인식 기술이다.

  강아지

이 경우도 앞의 음성-텍스트와 마찬가지로 순서를 바꿀 수 있다. 이런 기술은 인공지능 화가 또는 사진사라고 부를 수 있을 것이다.

강아지

이렇듯 소리, 영상, 텍스트는 인공지능의 입력과 출력 모두에서 다양하게 이용되고 있다. 이러한 데이터가 인공지능의 입출력으로 쓰이기 위해서는 아이큐, 환율, 주가, 온도, 키 등과 같은 숫자로 바뀌는 과정을 거쳐야 한다. 먼저 소리는 다음 그림과 같이 파형의 형태를 잘게 쪼개고(digitize) 높낮이에 따라 숫자화해 표현할 수 있다(실은 좀 더 복잡하게 파형을 주파수 변환한 값을 사용한다).

이미지도 마찬가지다. 영상, 즉 이미지를 확대해보면 이른
바 깨진다고도 말하는 정사각형 형태의 단일 색깔, 즉 픽셀
로 이루어져 있음을 알 수 있는데, 이 픽셀에다 밝고 어두운
정도에 따라 숫자를 부여하면 된다.

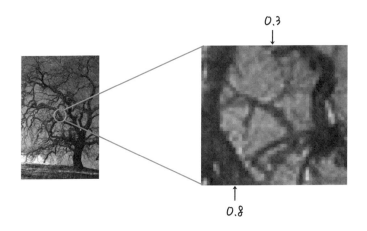

텍스트도 마찬가지로 숫자화해야 한다. 가장 간단한 방
법은 해당 언어의 사전에 나오는 단어 수만큼의 0을 만들어
놓고 첫 번째 나오는 단어를 10000⋯000, 두 번째 단어를

01000…000, 세 번째 단어를 00100…000, 맨 마지막 단어를 00000…001, 이렇게 숫자화할 수 있다. 아래 그림은 단어가 5만 개 있는 언어의 아홉 번째 단어를 숫자화한 것이다.

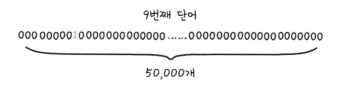

이렇듯 숫자가 아닌 데이터인 소리, 이미지, 텍스트 또한 모두 숫자로 표현할 수 있다. 물론, 이때 보통의 경우 하나의 숫자는 아니고 숫자열이 될 것이다. 어떤 방식으로 숫자화하느냐는 조금씩 다를 수 있어도 데이터를 인공지능의 입력과 출력값으로 이용하기 위해서는 이런 숫자열, 즉 벡터로 표현되어야 한다.

그렇게 데이터가 준비되었다면 그것을 입출력으로 하는 함수로서의 인공지능을 구현해야 한다. 다음 그림은 데이터와 인공지능을 표현하는 단순하면서도 가장 중요한 그림이다. 왼쪽은 입력 데이터 벡터, 오른쪽은 출력 데이터 벡터의 예시다. 이러한 입출력 벡터는 소리, 텍스트, 영상 그 어떤 것도 될 수 있다. 보통 인공지능이라고 하면 엄청나게 복잡한

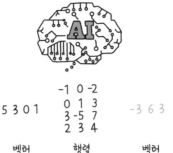

$$\begin{matrix} & & -1 & 0 & -2 \\ & & 0 & 1 & 3 \\ 5\ 3\ 0\ 1 & & 3 & -5 & 7 & & -3\ 6\ 3 \\ & & 2 & 3 & 4 \end{matrix}$$

벡터   행렬   벡터

수식이 들어 있을 것이라 생각하는데, 실은 다음 그림처럼 행렬이 자리 잡고 있다. 즉 행렬 자체가 인공지능인 셈이다. 그리고 행렬은 입력을 받아 변경시키고 출력을 뱉어내는 함수 역할을 한다.

이처럼 입력 벡터를 함수 자신과 곱하고 출력 벡터를 뱉어내는 형태, 즉 '입력 벡터×함수 행렬=출력 벡터' 형태의 인공지능을 우리는 '인공 신경망(Artificial Neural Network)'이라고 부른다. 이 인공 신경망이 최근 인공지능의 대부분을 차지하고 있기 때문에 이것만 알아도 좋다.

그런데 웬 신경망? 왜 그렇게 불리는지, 이것이 어떤 수학적 원리로 동작하는지 하나씩 알아보자.

인공 신경망은 말 그대로 인간의 생물학적 신경망의 원리를 수학적으로 모방한 것이다. 다음 그림은 실제 인간의 신

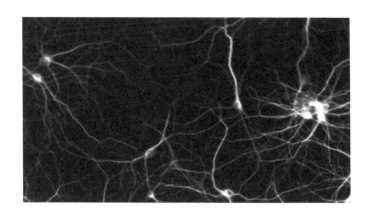

경망이다. 점들이 서로 연결되어 있는 것을 볼 수 있는데, 이 점들이 신경세포(neurons)이고, 그 연결을 시냅스(synapse)라고 부른다. 어떤 연결은 굵고 진하고 어떤 연결은 가늘고 연하다. 이런 방식으로 신경세포들은 서로서로 연결되어 있다.

이 생물학적 신경망에서 하나의 신경세포는 다른 세포와 전기적 신호로 소통한다. 한 신경세포는 다른 신경세포로부터 전기신호를 받는데, 그렇게 전달받은 입력 신호는 시냅스를 통해 또 다른 신경세포로 전달된다. 이때 자신이 받은 전기신호를 그대로 전달하는 게 아니라 그 신호에 변형을 가해서 전달하게 되는데, 그러한 변형을 가하는 것이 바로 시냅스다. 시냅스가 굵으면 강한 변형, 가늘면 약한 변형을 준다고 생각하면 된다.

다음 그림은 이러한 생물학적 신경망의 원리를 수학적으로 도식화한 인공 신경망이다. 어떤 신경세포(B)가 다른 신경세포(A)로부터 전기신호를 받았을 때, 그것이 2라고 하자. 신경세포 B는 다시 신경세포 C와 D 쪽으로 연결되어 있는데, C와의 연결 강도는 1이고, D와의 연결 강도는 3이다. 그래서 현재 B의 전기신호 2는 C와의 연결 강도 1과 곱해져서 2가 C로 전달된다. 그리고 현재 B의 전기신호 2는 D와의 연결 강도 3과 곱해져서 6이 D로 전달된다.

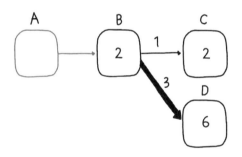

요약하면 다음 페이지의 그림과 같이 인공 신경망으로 신경세포 간의 관계를 단순화할 수 있다. 신경세포 x(회색 원)의 현재 전기신호를 입력이라고 하고, 신경세포 y(파란색 원)로의 연결선 a는 입력을 변형시키는 함수라 하자. 이때 신경세포 y는 함수의 출력 결과를 전달받는다. 즉, 한 신경세포에서 다른 신경세포로 연결하는 화살표 자체가 함수라는 것을 알 수 있다. 더 단순하게 설명하면 입력은 x, 출력은 y이며, 화살표에는 a라는 값이 할당되어 있다. 그리고 입력 x는 a와 곱해 y를 출력한다. 간단하지만 전형적인 함수다. 즉, y=ax의 함수는 아래의 인공 신경망으로 표현 가능하고 아래의 신경망은 위의 식으로 해석 가능하다.

여기서 원으로 그려진 것은 인공 신경세포에 해당하며, 입력 또는 출력이 될 수 있고, 화살표는 그 자체가 입출력 간의 관계로서 함수다. 원 부분을 앞으로 노드라고 부르자.

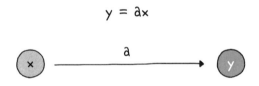

$$y = ax$$

앞서 인공 신경망은 입력 벡터×함수 행렬=출력 벡터 형태라고 했다. 이 단순한 인공 신경망도 아래와 같이 입력 벡터×함수 행렬=출력 벡터 형태로 표현 가능하다. 둘을 비교하면 인공 신경망의 입력 노드(회색 원)는 입력 벡터, 연결 화살표는 함수 행렬, 출력 노드(파란색 원)는 출력 벡터임을 알 수 있다.

$$[x] \times [a] = [y]$$

그렇다면 우리 모두가 중학교 때 배웠던 가장 간단한 일차 함수도 인공 신경망으로 표현 가능할까? 다음 그림에서 보듯이 1이란 숫자로 고정된 노드를 입력에다 추가하고, y로 화살표를 연결한 뒤 그 화살표에 b를 할당한다. 이 경우 2개의 왼쪽 노드에서 1개의 오른쪽 노드로 향하게 되고, 화살표는 2개가 된다. 이 두 연결은 서로 합이 되는데, 이를 식으로 표현하면 y=ax+b가 된다. 이때 화살표에 할당된 값 a, b는 각각 기울기와 y절편 값(bias라고도 함)이다.

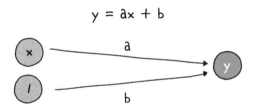

$$y = ax + b$$

이 또한 다음의 식처럼 입력 벡터×함수 행렬=출력 벡터 형태로 표현될 수 있다. 그리고 입력 노드, 화살표, 출력 노드는 각각 입력 벡터, 함수 행렬, 출력 벡터와 대응한다. 이 인공 신경망은 입력이 x이고, 출력이 y다. 예를 들어 어떤 사람

의 아이큐를 입력으로 넣으면 그 사람이 받은 수능 점수를
출력으로 예측해줄 수 있다. 물론, 좋은 함수 행렬(여기서 a값, b
값)을 가지고 있다면 말이다.

$$[x \ 1] \times [\begin{smallmatrix} a \\ b \end{smallmatrix}] = [y]$$

위의 일차함수 인공 신경망은 늘 입력과 출력이 1개씩이
다. 그런데 입출력 모두 각각 2개 이상이 될 수도 있다. 먼저
입력이 2개인 경우를 보자. 예를 들어 아이큐와 암기력, 2개
의 입력으로부터 수능 점수를 예측하는 경우가 그러하다.

$$y = ax_1 + bx_2 + c$$

그리고 신경망의 입력 노드, 화살표, 출력 노드를 입력 벡
터×함수 행렬=출력 벡터 형태로 표현하면 다음과 같다.

$$[x_1 \; x_2 \; 1] \times \left[\begin{matrix} a \\ b \\ c \end{matrix} \right] = [y]$$

입력에 아이큐와 암기력 말고 일일 공부량을 추가할 수도 있다. 여기서 한 가지 알아야 할 것은 화살표에 할당된 값들은 1과 연결된 d(bias)를 제외하고는 모두가 기울기라는 점이다.

$$y = ax_1 + bx_2 + cx_3 + d$$

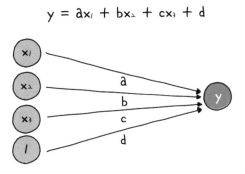

이것을 입력 벡터×함수 행렬=출력 벡터 형태로 표현하면 다음과 같다.

$$[x_1 \; x_2 \; x_3 \; 1] \times \left[\begin{matrix} a \\ b \\ c \\ d \end{matrix} \right] = [y]$$

입력뿐 아니라 출력 또한 2개 이상이 될 수 있다. 아이큐,

암기력, 일일 공부량, 이 3개의 입력으로부터 수능 점수와 토익 점수를 예측하는 식이다. 그래서 아래의 그림은 입력이 3개, 출력이 2개인 인공 신경망이다.

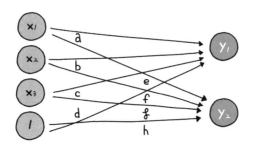

이를 입력 벡터×함수 행렬=출력 벡터 형태로 표현하면 다음과 같다. 위의 그림에서 입력 벡터에 해당하는 왼쪽 회색 노드들 $[x_1\ x_2\ x_3\ 1]$이 입력 벡터다. 출력 벡터는 오른쪽 파란색 노드들 $[y_1\ y_2]$이다. 중간에서 입력 벡터와 출력 벡터를 연결하는 화살표가 함수 행렬이다. 이 함수 행렬에서 $[a\ b\ c\ d]$는 y_1으로 향하는 4개의 화살표에 해당하고, $[e\ f\ g\ h]$는 y_2로 향하는 4개의 화살표에 해당한다. 입력 벡터는 1×4의 크기를 가지고 있고, 출력 벡터는 1×2의 크기를 가지고 있다. 1×4의 입력 벡터는 4×2의 행렬과 곱해져서 1×2의 출력 벡터를 출력한다(행렬의 곱하기는 앞에서 언급했으니 필요하다면 다시 살펴보기를 바란다).

$$[x_1 \ x_2 \ x_3 \ 1] \times \begin{bmatrix} a & e \\ b & f \\ c & g \\ d & h \end{bmatrix} = [y_1 \ y_2]$$

다음은 구체적인 숫자들의 예를 가지고 이 계산 과정을 설명하고 있다. 이때 중간에 있는 행렬이야말로 인공 신경망 자체로서 함수의 역할을 한다. 이 함수 행렬에서 [1 2 3 4]는 y1으로 향하는 4개의 화살표에 해당하고, [5 6 7 8]은 y2로 향하는 4개의 화살표에 해당한다. 이때 행렬값들 중 입력 노드의 맨 마지막의 1과 연결된 두 화살표 값들(bias) 4, 8을 제외하고 모든 행렬값들은 기울기임을 알 수 있다.

$$[2 \ -1 \ 3 \ 1] \times \begin{bmatrix} 1 & 5 \\ 2 & 6 \\ 3 & 7 \\ 4 & 8 \end{bmatrix} = [13 \ 33]$$

입력 벡터의 맨 마지막엔 늘 1이 있어야 하지만, 편의상 다음 그림과 같이 입력 $x_1 \ x_2 \ x_3$만 남겨놓았다.

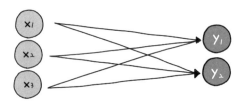

위의 그림을 보면 입력이 3개, 출력이 2개이기에, 1×3 입력 벡터와 1×2 출력 벡터가 된다. 1×3 입력 벡터에 3×2의 적절한 행렬이 곱해져 계산될 때, 1×2 출력 벡터가 나오게 끔 하는 것이 인공 신경망이 할 일이다. 위에서 행렬은 어떤 벡터를 또 다른 벡터로 바꾸는 함수라고 했다. 즉, 인공 신경망이 할 일은 함수 행렬이 할 일이다.

여기서 이 인공 신경망을 일반화해보면, M×N 행렬로서 1×M 입력 벡터와 곱해져서 1×N 벡터를 출력하는 함수다. 대부분의 인공 신경망은 1×M 입력 벡터와 1×N 출력 벡터의 쌍으로 된 데이터가 가진 패턴을 이 M×N 행렬 속에 담는 것을 목표로 한다. 이 좋은 행렬은 충분히 많은 데이터로부터 구할 수 있다. 좋은 행렬만 구할 수 있다면 그다음에 새로운 x가 주어질 때 y를 예측할 수 있다. 예를 들어 음성인식은 어떤 음성 데이터 x로부터 문자인 y를 예측하는 것이다. 이미지 인식은 이미지 x로부터 그 카테고리 y를 인식하면,

이미지 인식이 된다. 이렇듯 입출력 x, y를 매핑해주는 좋은 행렬을 구하는 것이 좋은 인공지능 시스템의 관건이 된다.

그렇다면 간단한 인공 신경망 시스템을 구현해보도록 하자. 다음 그림과 같이 수면 시간, 운동 시간, 칼로리 섭취량을 입력으로 하여 체중, 혈압을 출력으로 예측하는 시스템을 만든다고 가정해보자.

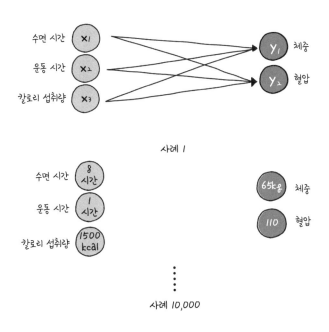

충분한 데이터가 필요하므로 대략 1만 명을 대상으로 설문 조사를 통해 수면 시간, 운동 시간, 칼로리 섭취량, 체중,

혈압 정보를 수집했다. 이 1만 명의 데이터에서 1×3 입력 벡터(수면 시간, 운동 시간, 칼로리 섭취량)와 1×2 출력 벡터(체중, 혈압)와의 관계를 포착하는 좋은 3×2 행렬을 구하는 것이 우리가 할 일이다. 그렇다면 이 좋은 행렬을 어떻게 구할 수 있을까?

먼저 무작위의 수로 이 3×2 행렬을 구성한다. 그런 다음 첫 번째 사람에게서 수집한 수면 시간, 운동 시간, 칼로리 섭취량만 이용해 입력 벡터에 대입하고 이 무작위의 행렬과 곱한다. 그러면 어떤 체중과 혈압 값, 즉 출력 벡터가 나올 것이다. 하지만 이 값은 우리가 기대하는 값과는 거리가 멀다.

다음의 그림에서 보듯이, 첫 번째 사람에게서 수집한 이 사람의 체중, 혈압과는 상당한 차이가 있을 것이다. 여기서 가장 중요한 과정으로 이 '차이'를 이용해 무작위로 주어진 행렬에 수정을 가한다. 다음 그림에서 체중 40 + 혈압 90 = 130만큼의 '차이'를 적절히 각각의 화살표의 수정에 반영하면 된다. '차이'가 많이 나면 많이, 적게 나면 적게, 음으로 나면 음으로, 양으로 나면 양으로 수정한다.

그런데 화살표가 6개일 때, 즉 행렬의 값이 6개일 때 동일하게 수정하는 것은 아니다. 어떤 것은 많이, 어떤 것은 적게

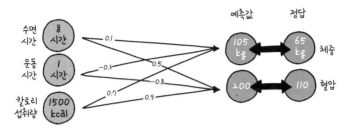

해야 한다. 이때 필요한 수학이 미분이다. 앞에서 미분은 입출력 관계의 함수에서 입력이 출력에 끼치는 영향력이라고 했다. 잠시 행렬의 각각의 값들을 입력이라고 하고, 이 '차이'를 출력으로 하는 함수를 생각해보자. 그렇다면 각각의 행렬 값들(입력)이 차이(출력)에 끼치는 영향력이 곧 미분이 된다. 이 미분값에 비례해서 행렬값들을 수정하면 된다. 즉, '차이'에 책임의 정도가 큰 행렬값은 더 많이 고쳐야 한다는 개념이다.

이 과정을 1만 명 데이터 모두에 적용한다. 그리고 이 과정을 계속 반복한다. 언제까지 하느냐 하면 그 차이가 점점 줄어들어서 더 이상 줄어들지 않을 때까지, 즉 제대로 예측할 때까지 그 과정들을 반복한다. 이런 식으로 하다 보면, 좋은 행렬이 구해진다. 이 과정을 훈련(training) 또는 학습(learning)이라고 한다.

여기서 앞에서 배웠던 베이즈 정리를 잠시 기억해보자. 실은 이 좋은 행렬을 구하는 훈련 과정에서 베이즈 정리의 원리가 이용된다.

$$P(H|D) = \frac{P(D|H)\,P(H)}{P(D)}$$

위의 식에서 H는 '가설' 또는 '모델'이라고 했고, D는 '데이터' 또는 '관찰'이라고 했다. 이때 H는 이 인공 신경망 모델의 행렬이라 할 수 있고, D는 입력과 출력 데이터 전체라고 할 수 있다. 여기서 $P(H|D)$는 주어진(수집된) 데이터에 대해 이 인공 신경망이 가지는 특정 행렬 셋의 확률이라 할 수 있다. 그래서 이 확률이 가장 높을 때의 행렬값이야말로 가장 좋은 행렬이라고 할 수 있다. 하지만 인공 신경망에서 $P(H|D)$를 직접 구할 수 있는 방법이 없다. 그래서 베이즈 정리의 우항을 이용한다.

$P(D)$와 $P(H)$는 구하기 힘들거나 보통은 무시 가능하기 때문에 $P(D|H)$만 고려한다. 다행히 $P(D|H)$는 이 인공 신경망 모델이 확률 모델이라면 확률값을 계산할 수 있다. 즉, 데이터(D)가 주어져 있기에 행렬값(H)을 조정해서 $P(D|H)$

값이 최대가 되도록 하는 과정이 훈련의 과정이다. 그런데 P(H)는 특정 행렬값의 확률이므로, 주사위의 확률 구하듯이 구할 수 없다. 그럼 어떻게 해야 할까?

앞에서 이 행렬값들(H)은 y절편(bias)값들만 제외하고는 모든 값이 기울기에 해당한다고 언급했다. 그런데 우리는 이 기울기 숫자가 너무 크거나(예: 10,000), 너무 작을(예: 0) 확률은 낮다고, 그냥 그렇게 선험적으로 알고 있다(prior knowledge). 즉, 적절한 숫자여야 한다. 숫자가 1에 가까울수록 그 확률이 더 높다고 할 수 있다. 사실상 대부분의 인공신경망에서 P(D|H)뿐 아니라 P(H)도 이용한다. 그 목적은 H가 너무 튀어서 터무니없는 숫자가 되지 않게 하기 위함이다. 이것을 '정규화(regularization)'라고 한다.

지금까지는 입·출력 간의 행렬을 하나만 가정했다. 하지만 입력과 출력 간에 2개 이상의 행렬도 둘 수 있다. 이 말은 다음 페이지 그림에서처럼 중간에 입·출력 벡터가 아닌 중간 벡터(진회색)를 둔다는 말과 같은 말이다. 그렇게 되면 화살표 덩이도 하나 더 늘어난다. 다음 그림은 입·출력 사이에 2개의 행렬이 셋 있다. 입력 벡터와 첫 번째 행렬이 곱해지고, 그렇게 나온 중간 벡터와 그다음 행렬이 곱해져 최종 출

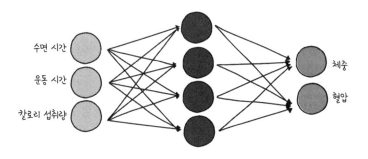

수면 시간

운동 시간

칼로리 섭취량

체중

혈압

력 벡터를 뱉어낸다.

우리가 인공 신경망이라고 구글에서 검색하면 다음 페이지의 그림이 나오는 것을 볼 수 있다. 위 그림보다 조금 더 크고 복잡할 뿐, 이제는 충분히 이해할 수 있을 것이다. 이것은 1×4 입력 벡터가 6개 행렬들(화살표 덩이)과 차례로 연쇄적으로 곱해져서 1×3의 출력 벡터를 만들어내는 인공 신경망 구조다.

이렇게 함수 행렬이 하나가 아니라 여러 개가 있으면 입력과 출력 간의 거리가 멀어지게 된다. 즉 깊어지게(deep) 된다. 복잡한 데이터일수록 딥(deep)할 필요가 있다. deep하게 많은 행렬을 learn해야 하는 인공 신경망을 우리는 딥 러닝(deep learning)이라고 부른다.

이렇듯 인공지능의 대표 선수인 인공 신경망에는 알짜배

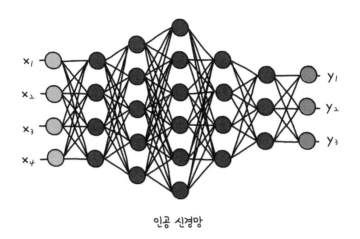

인공 신경망

기 수학 개념이 곳곳에 박혀 있다.

　다시 한번 요약하면 인공 신경망은 어떤 입력을 출력으로 예측하는 함수다. 입력과 출력은 벡터의 형태이며, 함수는 행렬의 형태를 띤다. 그렇기에 데이터만 충분히 있으면 미분에 의해 실제 데이터에 더 적합하도록 좋은 행렬을 구할 수 있다. 이 행렬 자체가 인공 신경망이다. 1999년 미래의 모습을 예견하며 선풍적인 인기를 끈 영화 〈매트릭스〉, 즉 행렬이 바로 이 AI를 뜻하지 않았던가?

수학을 제대로 알
권리를 누리자

"코딩은 한마디로 파워 포인트 다루는 방법을 배우는 거예요. 콘텐츠를 담아내는 그릇이죠. 그 그릇을 활용해서 콘텐츠를 담아내는 게 머신 러닝입니다. 컴퓨터가 머신 러닝을 할 때 수학이 필요합니다. 물론 웹 페이지를 만드는 것과 같이 간단한 코딩에서는 수학이 그다지 필요하지 않지만, 음성인식 기술과 같은 작업의 경우 AI 개발자가 코딩을 사용해 알고리즘을 구현해야 하는데, 이를 위해 수학을 알아야 해요. 다시 말해 수학을 반드시 알아야 할 필요는 없지만 수학을 알면 누릴 수 있는 세상이 더 넓어진다고 할 수 있겠습니다. 지금도 수학 문제를 가져와서 풀라고 하면 자신이 없어요. 하지만 그 수학 문제가 어떤 것을 알고자 하는지, 무엇을 의미하는지 이해할 수는 있습니다. 나아가 그 문제가 우리 삶에, 자연현상에 어떻게 적용될지 상상하고 적용하려고 시도할 것 같습니다. 다시 시작한 수학 공부를 통해 생겨난 가장 큰 변화는 수학을 공부한다는 정의가 바뀐 겁니다. 중요한 건 의미지 스킬이 아니란 사실이죠."

남즈의 한 연구원이 어떤 매체와의 인터뷰에서 수학의 필요성에 대해 답한 내용이다. 한때 수포자였던 그가 수학에 대한 평소 소신을 나직이 담담하게 말하고 있었다. 내가 갔던 길을 가주길 바랐는데, 이젠 나보다도 저 멀리 앞서가고 있다. 벅차오르도록 고맙다.

나와 남즈를 처음 만들었던 재구에게 가장 먼저 감사한다. 순서가 정도를 의미하지는 않지만 재구는 늘 처음이다. 그가 남즈의 철학을 만들어주었고 남즈의 방향을 잡아주었다. 지금도 재구가 하면 다 된다고 모두는 믿고 있다. 영화 〈매트릭스〉의 네오처럼. 그리고 우리의 맏형 형원이 없었다면 지금의 남즈는 없었을 것이다. 동생들 불평을 다 받아주고 그 특유의 정으로 남즈를 세상에서 가장 따뜻한 곳으로 만들어주었다. 그가 주었던 무한 치유의 힘으로, 힘든 순간에 슬픔도 아픔도 다 잊을 수 있었다. 그렇기에 재구와 형원은 남즈의 영원한 아빠, 엄마다.

치약(Colgate)대학교에서 불쑥 날아온 영선. 우리가 지금 내세우고 있는 많은 기술이 그를 통해 시작되었다는 걸 안다. 다들 신나게 공학을 하고 있을 때 나지막이 과학을 외치던 순수한 지적 반골. 그가 있었기에 남즈는 한낱 기술자들의 모임이 아닐 수 있었다. 이웃 독수리대학교에서 탈출해온 출연세기(出延世記)의 주인공 연정. SNR(Speech to Noise Ratio)을 늘 최상으로 유지해주는 남즈의 영원한 홍보 실장이자 플루토늄처럼 꺼지지 않는 에너지원. 이제 그가 손대면 무조건 성공이라는 공식을 만들어가고 있다. 그가 있는 한 남즈는 계속 잘 돌아갈 것이다.

또 모든 최연소 타이틀을 독차지하고 있는 남즈의 제갈량, 서현. 남즈의 색깔을 말하라면 서현색이라고 하고 싶다. 철없는 언니, 오빠 들이 가끔 흔들릴 때마다 늘 바로잡아주고, 남즈에서는 든든한 수학 선생님으로 군림하고 있다. 남즈의 조명 기기의 수명을 단축시키는 일등 공신인 위백과 혜빈. 남즈의 아침은 우리가 열지 않아도 남즈의 밤은 우리가 닫는다는 것을 지금까지 실천해왔다. 위백과 혜빈은 황량한 남즈에 숲을 가져다주었고, 그 특유의 결벽을 기술력으로 승화시키는 데 일조했다. 남즈를 일으킨 주역이자 장본인인 이들이 없었다면 우리의 수준은 네이버나 카카오에 머물렀으리라. 특히 초기 남즈 시기 대학원에 재구가 있었다면, 학부엔 위백이 있었다고 할 정도로 그가 끼친 선한 영향력은 아무도 부정할 수 없을 것이다.

또 누가 가장 똑똑한지 투표하면 만장일치는 아니라도 일등을 할 인구. 터널을 뚫다가 큰 바위를 만나면 우리는 꼭 그를 찾아간다. 유쾌하지만 통쾌하게 남즈의 기술 흥신소 역할을 자처하는 그는 남즈의 진화를 맡고 있다. 그 밖에 지금은 네이버로 가서 고생(?)하고 있는 자연어 처리의 귀재 영준, 뚜벅뚜벅 한 걸음씩 나아가다 어느덧 남즈의 한 축이 되어버린 만능 스포츠맨 정원, 이제 '남즈의 스피커'를 자처하는 주말의

카리스마 혜리, 로스쿨 가는 자들에게 희망을 던져준 남즈의 지혜 재학, 늘 유쾌한 웃음으로 팀의 온기를 지켜주는 똑똑한 태경, 힘든 일도 마다하지 않고 지치지 않는 열정으로 연구소의 먹거리를 책임지는 재원, "남즈의 미래는 내게 맡겨라" 외치는 이젠 더 이상 '검은 말'이 아닌 정윤, 대학원생 같은 학부생 제주 소년 준혁, 남즈의 새싹인 나영, 다영, 준용, 상준도 빼놓을 수 없다.

그리고 이 모두를 철부지 학생 때부터 업어 키운 윤종성 수석, 아무리 귀찮게 물어도 늘 염화미소로 하나하나 가르쳐준 권용대 수석, 코딩의 수준을 예술의 경지로 끌어올려준 류승표 수석, 몸소 연구자의 모범을 보여준 한장규 수석, 묵묵히 힘든 일을 다 맡아 해주고 있는 김홍순 선임, 윤기무, 이원형, 이호찬, 신지혜도 모두 남즈의 기둥들이다. 또한 더불어 본사에서 늘 응원해주시는 신성웅, 윤성준 부사장님과 남즈의 희노애락을 함께 해온 남즈의 산 증인 송민규 상무까지, 이 모두에게 고마움을 전한다. 이들은 200년이 지나 2222년도가 되어서도 후세들이 기억할 이 연구소의 자랑스러운 초기 멤버들이다. 그들은 제2, 제3의 다빈치이자 정약용이며, 이 책은 그들에 대한 기록임을 밝힌다.

4차 산업혁명이 시작된 지 얼마 안 된 것 같은데 벌써 5차 산업혁명을 준비해야만 할 것 같다. 그만큼 변화의 속도가 상상을 초월한다. 4차가 사람을 닮은 기계를 만드는 시대라면 5차는 기계를 닮은 사람이 나올지도 모르겠다. 내가 원하든 원하지 않든 세상은 그렇게 흘러가고 있다. 이러한 시대의 흐름 속에 수학은 우리가 가진 모든 것을 훨씬 더 빛나게 해준다. 그리고 더 이상 '객'이 아닌 '주인'이 되게 해준다. 그래서 수학을 '제대로' 보고 아는 건 더 이상 의무가 아니라 권리다. 더 많은 사람이 이 책 속의 남즈 친구들처럼 그 권리를 누리게 되길 바란다. 우리가 그토록 싫어했던 건 진짜 수학의 모습이 아니라는 걸 알았으면 한다.

수학과 코딩을 가르치는 별난 영문과 교수의
특별하고 재미있는 수학이야기

수학을 읽어드립니다

제1판 1쇄 발행 | 2021년 12월 28일
제1판 7쇄 발행 | 2023년 8월 29일

지은이 | 남호성
펴낸이 | 김수언
펴낸곳 | 한국경제신문 한경BP
책임편집 | 이혜영
교정교열 | 한지연
저작권 | 백상아
홍보 | 서은실 · 이여진 · 박도현
마케팅 | 김규형 · 정우연
디자인 | 권석중
본문디자인 | 디자인 현
본문 일러스트 | 최광렬

주소 | 서울특별시 중구 청파로 463
기획출판팀 | 02-3604-590, 584
영업마케팅팀 | 02-3604-595, 583   FAX | 02-3604-599
H | http://bp.hankyung.com   E | bp@hankyung.com
F | www.facebook.com/hankyungbp
등록 | 제 2-315(1967. 5. 15)

ISBN 978-89-475-4776-5   03410